第一推动丛书: 物理系列
The Physics Series

原子中的幽灵
The Ghost in the Atom

[英] 保罗·戴维斯 [英] 朱利安·布朗 著 易心洁 译 洪定国 译校
Paul Davies Julian Brown

CTS K 湖南科学技术出版社

THE
FIRST
MOVER

总序

《第一推动丛书》编委会

科学，特别是自然科学，最重要的目标之一，就是追寻科学本身的原动力，或曰追寻其第一推动。同时，科学的这种追求精神本身，又成为社会发展和人类进步的一种最基本的推动。

科学总是寻求发现和了解客观世界的新现象，研究和掌握新规律，总是在不懈地追求真理。科学是认真的、严谨的、实事求是的，同时，科学又是创造的。科学的最基本态度之一就是疑问，科学的最基本精神之一就是批判。

的确，科学活动，特别是自然科学活动，比起其他的人类活动来，其最基本特征就是不断进步。哪怕在其他方面倒退的时候，科学却总是进步着，即使是缓慢而艰难的进步。这表明，自然科学活动中包含着人类的最进步因素。

正是在这个意义上，科学堪称为人类进步的“第一推动”。

科学教育，特别是自然科学的教育，是提高人们素质的重要因素，是现代教育的一个核心。科学教育不仅使人获得生活和工作所需的知识和技能，更重要的是使人获得科学思想、科学精神、科学态度以及科学方法的熏陶和培养，使人获得非生物本能的智慧，获得非与生俱来的灵魂。可以这样说，没有科学的“教育”，只是培养信仰，而不是教育。没有受过科学教育的人，只能称为受过训练，而非受过教育。

正是在这个意义上，科学堪称为使人进化为现代人的“第一推动”。

近百年来，无数仁人志士意识到，强国富民再造中国离不开科学技术，他们为摆脱愚昧与无知做了艰苦卓绝的奋斗。中国的科学先贤们代代相传，不遗余力地为中国的进步献身于科学启蒙运动，以图完成国人的强国梦。然而可以说，这个目标远未达到。今日的中国需要新的科学启蒙，需要现代科学教育。只有全社会的人具备较高的科学素质，以科学的精神和思想、科学的态度和方法作为探讨和解决各类问题的共同基础和出发点，社会才能更好地向前发展和进步。因此，中国的进步离不开科学，是毋庸置疑的。

正是在这个意义上，似乎可以说，科学已被公认是中国进步所必不可少的推动。

然而，这并不意味着，科学的精神也同样地被公认和接受。虽然，科学已渗透到社会的各个领域和层面，科学的价值和地位也更高了，但是，毋庸讳言，在一定的范围内或某些特定时候，人们只是承认“科学是有用的”，只停留在对科学所带来的结果的接受和承认，而不是对科学的原动力——科学的精神的接受和承认。此种现象的存在也是不能忽视的。

科学的精神之一，是它自身就是自身的“第一推动”。也就是说，科学活动在原则上不隶属于服务于神学，不隶属于服务于儒学，科学活动在原则上也不隶属于服务于任何哲学。科学是超越宗教差别的，超越民族差别的，超越党派差别的，超越文化和地域差别的，科学是普适的、独立的，它自身就是自身的主宰。

湖南科学技术出版社精选了一批关于科学思想和科学精神的世界名著，请有关学者译成中文出版，其目的就是为了传播科学精神和科学思想，特别是自然科学的精神和思想，从而起到倡导科学精神，推动科技发展，对全民进行新的科学启蒙和科学教育的作用，为中国的进步做一点推动。丛书定名为“第一推动”，当然并非说其中每一册都是第一推动，但是可以肯定，蕴含在每一册中的科学的内容、观点、思想和精神，都会使你或多或少地更接近第一推动，或多或少地发现自身如何成为自身的主宰。

再版序
一个坠落苹果的两面：极端智慧与极致想象

龚曙光

2017年9月8日凌晨于抱朴庐

连我们自己也很惊讶，《第一推动丛书》已经出了25年。

或许，因为全神贯注于每一本书的编辑和出版细节，反倒忽视了这套丛书的出版历程，忽视了自己头上的黑发渐染霜雪，忽视了团队编辑的老退新替，忽视好些早年的读者，已经成长为多个领域的栋梁。

对于一套丛书的出版而言，25年的确是一段不短的历程；对于科学研究的进程而言，四分之一个世纪更是一部跨越式的历史。古人“洞中方七日，世上已千秋”的时间感，用来形容人类科学探求的速律，倒也恰当和准确。回头看看我们逐年出版的这些科普著作，许多当年的假设已经被证实，也有一些结论被证伪；许多当年的理论已经被孵化，也有一些发明被淘汰……

无论这些著作阐释的学科和学说，属于以上所说的哪种状况，都本质地呈现了科学探索的旨趣与真相：科学永远是一个求真的过程，所谓的真理，都只是这一过程中的阶段性成果。论证被想象讪笑，结论被假设挑衅，人类以其最优越的物种秉赋——智慧，让锐利无比的理性之刃，和绚烂无比的想象之花相克相生，相否相成。在形形色色的生活中，似乎没有哪一个领域如同科学探索一样，既是一次次伟大的理性历险，又是一次次极致的感性审美。科学家们穷其毕生所奉献的，不仅仅是我们无法发现的科学结论，还是我们无法展开的绚丽想象。在我们难以感知的极小与极大世界中，没有他们记历这些伟大历险和极致审美的科普著作，我们不但永远无法洞悉我们赖以生存世界的各种奥秘，无法领略我们难以抵达世界的各种美丽，更无法认知人类在找到真理和遭遇美景时的心路历程。在这个意义上，科普是人类极端智慧和极致审美的结晶，是物种独有的精神文本，是人类任何其他创造——神学、哲学、文学和艺术无法替代的文明载体。

在神学家给出“我是谁”的结论后，整个人类，不仅仅是科学家，包括庸常生活中的我们，都企图突破宗教教义的铁窗，自由探求世界的本质。于是，时间、物质和本源，成为了人类共同的终极探寻之地，成为了人类突破慵懒、挣脱琐碎、拒绝因袭的历险之旅。这一旅程中，引领着我们艰难而快乐前行的，是那一代又一代最伟大的科学家。他们是极端的智者和极致的幻想家，是真理的先知和审美的天使。

我曾有幸采访《时间简史》的作者史蒂芬·霍金，他痛苦地斜躺在轮椅上，用特制的语音器和我交谈。聆听着由他按击出的极其单调的金属般的音符，我确信，那个只留下萎缩的躯干和游丝一般生命气息的智者就是先知，就是上帝遣派给人类的孤独使者。倘若不是亲眼所见，你根本无法相信，那些深奥到极致而又浅白到极致，简练到极致而又美丽到极致的天书，竟是他蜷缩在轮椅上，用唯一能够动弹的手指，一个语音一个语音按击出来的。如果不是为了引导人类，你想象不出他人生此行还能有其他的目的。

无怪《时间简史》如此畅销！自出版始，每年都在中文图书的畅销榜上。其实何止《时间简史》，霍金的其他著作，《第一推动丛书》所遴选的其他作者著作，25年来都在热销。据此我们相信，这些著作不仅属于某一代人，甚至不仅属于20世纪。只要人类仍在为时间、物质乃至本源的命题所困扰，只要人类仍在为求真与审美的本能所驱动，丛书中的著作，便是永不过时的启蒙读本，永不熄灭的引领之光。

虽然著作中的某些假说会被否定，某些理论会被超越，但科学家们探求真理的精神，思考宇宙的智慧，感悟时空的审美，必将与日月同辉，成为人类进化中永不腐朽的历史界碑。

因而在25年这一时间节点上，我们合集再版这套丛书，便不只是为了纪念出版行为本身，更多的则是为了彰显这些著作的不朽，为了向新的时代和新的读者告白：21世纪不仅需要科学的功利，而且需要科学的审美。

当然，我们深知，并非所有的发现都为人类带来福祉，并非所有的创造都为世界带来安宁。在科学仍在为政治集团和经济集团所利用,甚至垄断的时代，初衷与结果悖反、无辜与有罪并存的科学公案屡见不鲜。对于科学可能带来的负能量，只能由了解科技的公民用群体的意愿抑制和抵消：选择推进人类进化的科学方向，选择造福人类生存的科学发现，是每个现代公民对自己，也是对物种应当肩负的一份责任、应该表达的一种诉求！在这一理解上，我们将科普阅读不仅视为一种个人爱好，而且视为一种公共使命！

牛顿站在苹果树下，在苹果坠落的那一刹那，他的顿悟一定不只包含了对于地心引力的推断，而且包含了对于苹果与地球、地球与行星、行星与未知宇宙奇妙关系的想象。我相信，那不仅仅是一次枯燥之极的理性推演，而且是一次瑰丽之极的感性审美……

如果说，求真与审美，是这套丛书难以评估的价值，那么，极端的智慧与极致的想象，则是这套丛书无法穷尽的魅力！

前言

J. 布朗
P. C. W. 戴维斯
1986年元月

尼尔斯·玻尔曾经指出：谁不为量子理论所震惊，谁就不理解量子理论。在20世纪20年代，当量子理论的蕴含开始充分显露时，肯定有一股强烈的震惊与迷惑之感，在它的同代人当中回响。量子理论不仅与19世纪经典物理学相冲突，而且它根本性地改变了科学家们关于人与物质世界关系的观点。因为按照玻尔对量子理论的解释，“外在”世界的存在不是自身独立的，而是无法摆脱地与我们对它的感知纠缠在一起的。

毫不奇怪，有些物理学家发现上述观念是难于接受的。带有讽刺意味的是，在量子理论发展的早期曾起重要作用的爱因斯坦却成了抨击它的急先锋。他直到1955年去世，仍然确信：在量子理论的表述形式中少了一种实质性的成分；没有他所坚持的这一成分，我们关于原子范围内物质的描述，就会不可避免地保持其固有的不确定性，因而是不完全的。在与玻尔的长期友好交往过程中，爱因斯坦反复试图证明量子理论的不完全性。他提出过许多有极高天赋的论据，有些曾引起科学家们的极大关注。但是，每一次，玻尔都很快地设法找到了一个雅致而有说服力的反驳。渐渐地，人们越来越感觉到：爱因斯坦的驱除原子中幽灵的探索是徒劳的。

但是今天，量子论战远未消失。近几年有人做了一系列检验性实验，阿莱因·阿斯派克特及其法国同事们所做的实验是其顶峰。这促使人们以新的眼光来看待玻尔—爱因斯坦之争。

对于量子理论解释兴趣的复苏，激发我（J. 布朗）考虑就这一主题搞个专题广播节目。我与保罗·戴维斯教授讨论了这一想法，他同意为英国广播公司第3台提供一个专题节目。我们采访了对量子力学概念基础有特殊兴趣的几位领头物理学家，了解他们从阿斯派克特的实验结果和量子理论其他近期进展中提出什么启示。

在一个专题广播节目内可资使用的时间，自然十分有限，所以，只有采访中的若干简短片断才能编到最后的节目里。尽管如此，广播3台关于《原子中的幽灵》的广播节目，仍激起了听众的极大兴趣，因此，我们感觉到：以较完全与更永久的形式把这些采访内容编书出版，将是十分值得的。

除了第1章之外，本书内容都是以广播部的原始采访录音为基础的。在校订中，为使对话更符合出版要求，我们不得不做些修改。但是，我们力图尽量保持其对话特征。这本书是特为一般读者写的，所以，我们写了第1章，对于采访中所讨论的概念做个介绍。如果你已经熟悉其中许多内容，你可以直接跳到第2章，并查阅书后的术语汇编，它们说明了书中的技术术语与论据。

最后的评注：当我们委派采访任务时，有些参与者（不公布其姓名）表达了这样的观点：对于量子理论应做何解释，现在不存在实际的疑虑。至少，我们希望此书将表明：这种自我满足是没有理由的。

我们深深感激所有参加了此项工作的人们，特别要感谢鲁多尔夫·佩尔斯爵士，他评论性地阅读了第1章。我们还要感谢承担转抄原始录音带内容这一繁重任务的曼蒂·尤斯特雷斯。

目录

第1章
奇妙的量子世界

什么是量子理论？

“量子”一词意指“一个量”或“一个离散的量”。在日常生活范围里，我们已经习惯于这样的概念，即：一个物体的性质，如它的大小、重量、颜色、温度、表面积以及运动，全都可以从一物体到另一物体以连续的方式变化着。例如，在各种形状、大小与颜色的苹果之间并无显著的等级。

然而，在原子范围内，事情是极不相同的。原子粒子的性质，如它们的运动、能量和自旋，并不总是显示出类似的连续变化，而是可以相差一些离散的量。经典牛顿力学的一个假设是：物质的性质是可以连续变化的。当物理学家们发现这个观念在原子范围内失效时，他们不得不设计一种全新的力学体系——量子力学，以说明标志物质的原子特征的团粒性。这样，量子理论就是导出量子力学的基础理论。

考虑到经典力学在描述所有物体（从弹子台球到恒星与行星）的动力学方面的成就，它在原子范围内被新的力学体系所取代，被视为一种革命性转变，是不足为奇的。不过没多久，通过对只有用量子理论才能理解的广泛现象的论证，物理学家们证实了这个理论的价值。这类现象如此之多，以至今天量子理论常常被誉为一种前所未有的最有成效的科学理论。

起源

由于德国物理学家马克思·普朗克（Max Plank）发表的一篇论文，量子理论在1900年蹒跚地起步了。当时普朗克正从事于研究19世纪物理学悬而未决的一个问题，即关于热物体的辐射热能在各波长上的分布问题。在某些理想条件下，此能量是按某种特征方式分布的。普朗克证明：只有假设物体以离散包或离散方式发射电磁辐射，才能对这些特征方式做出说明。他称这种离散包或离散束为量子。当时不知道为何有这种不连续性，只是特设地被迫接受而已。

1905年，量子假说受到爱因斯坦的支持，他成功地说明了所谓光电效应。在这种效应中，他观察从金属表面置换出电子的光能量。为了说明这种具体方式，爱因斯坦被迫将光束看成是后来称为光子的离散的粒子流。光的这种描述似乎完全跟传统的观点相冲突。按照传统的观点，光（与所有的电磁波一样）由连续的电磁波组成，它们依据著名的麦克斯韦电磁理论传播，而这个理论在半个世纪以前就牢固建立起来了。光的波动性早在1801年就被托马斯·杨（Tomas Young）用其著名的“双缝”装置从实验上予以证实。

然而，波粒二象性并不局限于光。当时，物理学家们也关注原子的结构。尤其是，他们为电子围绕一个核运动却又不发射辐射所困惑。

因为从麦克斯韦电磁理论知道，沿弯曲路径运动的粒子定会辐射电磁能的，如果此辐射是连续的，那么原子的轨道电子就会迅速损失能量而螺旋式地落进核内（见图1）。

1913年尼尔斯·玻尔（Niels Bohr）提出：原子的电子也是“量子化”的，即量子化的电子可以处于某些固定的能级上而不损失能量。当电子在能级间跳跃时，电磁能以分离的量被释放或吸收。事实上，这些能量包就是光子。

可是，电子以这种不连续方式行动的原因，当时并没有揭示出来，直到后来发现了物质的波动性质才知道其所以然。

克林顿·戴维孙及其他人的实验工作以及路易·德布罗意的理论工作导致这样一种概念，即：电子与光子一样既可按波行事，又可按粒子行事，究竟如何则取决于具体的环境。按照波动模式，玻尔提出的原子能级对应于围绕着核的驻波模式，极其相似于一个腔，这个腔可以使它对不同的分离乐曲产生共鸣，电子波也可以按一些确定能量的模式振动着。仅当此模式变更时（这对应于从一个能级向另一能级的一次跃迁），才有一个电磁扰动随其发生，即伴随着辐射的发射或吸收。

不久，人们就明白了：不仅电子，而且所有的亚原子粒子都具有类似的似波性，显然，由牛顿表述的传统力学定律，以及麦克斯韦电磁定律，在原子及亚原子粒子的微观世界中完全失效了。为了说明这种波粒二象性，到20年代中期，一个新的力学体系——量子力

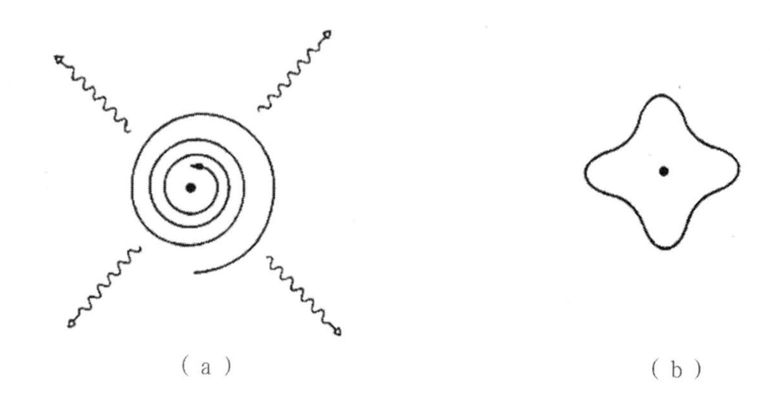

图1　经典原子的坍缩

（a）牛顿和麦克斯韦预言。一个原子的轨道电子会稳定地辐射电磁波，因而会损失能量并螺旋式进入核。（b）量子理论预言存在着离散的不辐射的能级，在这种能级中，与电子相关联的、正好“适于”绕核运动的波形成了驻波图样（这波必定在径向也是“合适的”），这使人想起一种乐器上的各种曲调

学——由埃尔温·薛定谔和维尔纳·海森伯独立地发展起来了。

新理论成效壮观，它很快地帮助科学家们说明了原子结构、放射性、化学键以及原子光谱的细节（包括种种电磁效应）。这个理论经过保罗·狄拉克、恩里科·费米、马克思·玻恩，以及其他一些人的精细加工，最终导致对于核结构与核反应、固体的电性质与热学性质、超导性、物质的基本粒子的产生与湮灭、反物质存在的预言、某些坍缩恒星的稳定性，以及更多的未列举事例，做出了令人满意的说明。量子力学也促成了包括电子显微镜、激光器和晶体管在内的实际硬件尽可能大的发展。极端灵敏的原子实验已经以令人惊讶的精确度证实了存在着微妙的量子效应。50年来，未发现任何实验否定量子力学的预言。

这一系列巨大成就，使量子力学被遴选为一个真正值得注意的理论——以科学上史无前例的精细程度正确地描述着世界的理论。当今大多数职业物理学家，如果不是几乎不加思索地，就是完全信赖地应用着量子力学。然而，这个富丽堂皇的理论大厦却是建立在一种深刻的不稳定的佯谬之上的，这个佯谬使得一些物理学家断言：这个理论最终是无意义的。

这个问题在20世纪20年代末和30年代初就已经很快地广为人知了。问题与理论的技术方面无关，而是涉及理论解释。

波或粒子？

量子的奇异性能够容易地从这样一种方式显示出来，即：像一个光子这样的物体，既可以显示出似波性又可以展示出似粒子性。使光子产生衍射和干涉图像，这是光的似波本性的一个可靠检验。但是，在光电效应中，光子却效法着投掷椰子果核，把电子从金属中敲出来，在这个效应中，光的粒子模型似乎更合适些。

波动性与粒子性的共存，很快就导致了关于自然界的一些令人吃惊的结论。让我们考虑一个熟知的例子，假设一束偏振光射向一片偏振材料（见图2）。标准电磁理论预言：如果光的偏振面平行于该材料的偏振面，光就完全透过，但是，如果二者成直角，则无光透过。在某居中角度时，则有部分光透过。例如，成45°时，透射的光强准确地为原光强之半，实验证实了这一点。

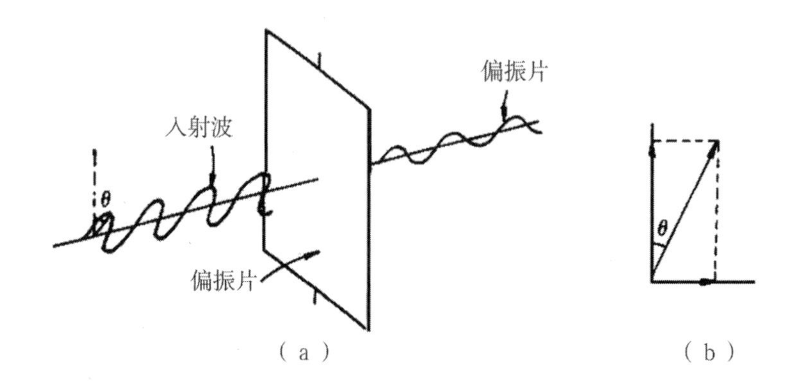

图2 可预示性的失效

(a) 经典上，一个偏振光波通过偏振片时，其强度将减弱为$\cos^2\theta$，出射波沿“竖直”方向偏振。如果把光视为全同的光子流，那么，这现象只能这样说明，即假设有些光子通过了，有些被挡住了，其概率分别为$\cos^2\theta$与$\sin^2\theta$，这是不可预示的。 (b) 注意：入射波可视为“竖直”偏振波与“水平”偏振波的一种叠加

现在，如果减弱入射光束的强度，以致一次仅一个光子穿过此偏振片，这时，我们就遇到难题了，因为一个光子不可能分割，任一给定的光子必定是或者通过了，或者被挡住了。当角度为45°时，平均起来，必定是一半光子穿过去了，而另一半则被挡住了。但是，哪种光子穿过了，哪种光子没穿过？由于具有相同能量的所有光子被假定是相同的，从而是不可分辨的，这迫使我们得出这样的结论：光子的穿越纯粹是一个随机过程。虽然，任何一个给定光子穿越的机会是50对50（概率为1/2），可要预先预言哪些具体的光子会穿过去，是不可能的。只能给出打赌的概率。当角度改变时，此概率可以在从0到1之间跟着改变。

这个结论是引人入胜的，也令人不安。量子物理学发现之前，世

界被看成是完全可预言的，至少在原则上是如此。尤其是，如果做相同的实验，人们就期望得到同样的结果。但是在光子与偏振片的情况中，人们可以非常清楚地发现：两个相同的实验产生着不同的结果，正如一个光子穿过了偏振片，而另一个相同的光子却被挡住了。显然，这个世界根本不是可完全预言的。一般地说来，在未做出一次观察之前，我们不可能知道一个给定光子的命运会是怎样？

这些概念暗示：在光子、电子和其他粒子的微观世界中，存在一种不确定性要素。1927年，海森伯以其著名的不确定性原理量化了这种不确定性。这原理的一种表述与试图同时测量一个量子物体的位置和运动有关。具体地说，如果想要非常精确指定电子的位置，我们就不得不弃绝有关它的动量信息；反过来，我们可以精确地测量电子的动量，但这样一来，它的位置就变得不确定了。恰恰就是试图将一个电子钉在具体地点的作用，对其运动引进了一个不可控与不确定的扰动；反之亦然。再者，对我们关于电子运动和位置的知识的这种不可避免的约束，并不只是实验制作粗陋的结果；它是自然界所固有的。显然，电子并非简单地同时具有位置与动量。

由此得出，在微观世界中存在一种内在的模糊性，只要我们企图测量两个不相容的可观察量（如位置和动量），这种模糊性就会显示出来。这种模糊性的后果之一就是摈弃了电子（或光子、或任何其他东西）在空间沿特定路径或轨道运动的直观概念。对于遵循一确定轨道的一个粒子来说，每一时刻它必定具有一个位置（路径上的一点）和一个速度（路径的切矢量），但是一个量子粒子不可能同时具有二者。

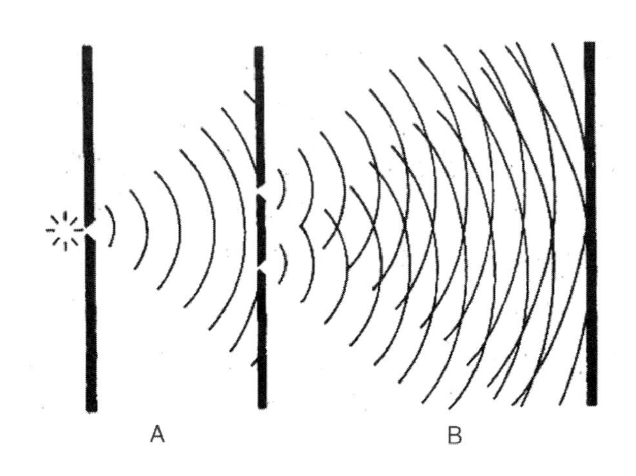

图3　波或粒子？在这个双缝实验中，电子或光子从源出发，通过屏A上2个靠近的孔，打在屏B上。在B处粒子的抵达率受到监视。观察到的强度变化图样指示出一种波的干涉现象

在日常生活里，我们确信：严格的因果定律指引着弹丸打到其靶上或者引导着轨道上的行星沿着空间一条精确确定的路径运行。我们不怀疑弹丸到达靶时，其着靶点表示一连续曲线的终点，曲线起点在枪管处。对于电子来说，情况就不是这样了，我们能够识别出发点和到达点，但并非总能推断出有一条连结它们的确定路线。

几乎没有什么比著名的托马斯·杨双缝实验更能显示量子的模糊性了。在这个实验里，来自一个很小的光源的光子（或电子）束向着刻有两个窄孔的屏运动，在第二个屏上产生双孔的像，它由不同于原孔的明暗干涉图样组成，就像穿过一个孔的波遇到从另一孔来的波一样。波同步到达的地方，则加强；反相到达的地方，则减弱。这样，光子或电子的似波性便明显地获得证实。

但是，射线束也可以看成由微粒组成。假设强度再次衰减非常之甚，以致仅在某一时刻仅一个光子或电子向此装置运动。自然地，每一个都到达像屏上一确定点，它是可以作为一个微粒被记录下来的。别的粒子到达别的地方，留下它们各自的斑痕。乍看起来，此效应似乎是随机的，但随着斑点的增多，一个斑点图案遂自形成。每一个粒子不是强制地而是按“平均规律”落向像屏上一具体地点。当大量粒子穿过此系统时，就产生一个有条理的图案，这就是干涉图。因此，任何给定的光子或电子都不能做出一个图案，它仅能造就一个单一的斑点。虽然每一个电子或光子显然可以自由地去到任意地点，但它们还是以概率的方式合作地建立起干涉图案。

现在，如果两孔之一被挡住，那么电子或光子的平均行为就戏剧性地改变了，实际上，干涉图消失了。这个干涉图是不可能从两个只有单缝存在所记录的图像的叠加中得到的。仅当两孔同时开着时，才有干涉。因此，每个光子或电子必定以某种方式，独个地顾及开着双孔还是单孔？但是，如果它们是不可分割的粒子，它们怎能做到这一点呢？从粒子来看，每个粒子仅能从一个缝穿过，它却能“知道”另一个缝的开启情况，究竟是怎么“知道”的？

回答这个问题的一个方法是回想起量子粒子在空间不具有确定的路线。有时可以方便地将粒子看成这样一种东西，即它通过无限多条路径，其中每一条都对它的行为起作用，这些路径或路线穿过屏上的两个孔，并就每一条编个信息码，这就是粒子能够在扩展的空间区域内维持径迹的行为方式。粒子行为的模糊性，使它能“觉察出”许多不同的路线。

假设一个持怀疑态度的物理学家，要在两孔的前方各放一个探测器，以便预先肯定一个具体的电子向哪一个孔运动，这样一来，那位物理学家在不让电子“知道”从而不改变其运动的情况下，不能突然把另一孔关闭吗？如果我们考虑到海森伯不确定性原理，那么，我们就能看到：大自然智胜了这个狡猾的物理学家。为要使各个电子的位置测量精确到足以识别它所正接近的孔的程度，电子的运动受到如此之大的扰动，致使干涉图竟然消失了！正是考察电子将向何处去的作用确保双孔合作失败。只要我们决定不去跟踪电子的路线，它就会显示出“知道”两种路线。

约翰·惠勒曾指出上述二象性的一个更引人兴趣的推论，即究竟是做实验去确定电子的路径，还是放弃这种信息与实验，而用干涉图取而代之？此项决定可以推迟做出，直到任意给定的电子已经通过该装置时为止！在这个所谓“延迟选择”实验中，实验人员现在所做的决定在某种意义上似乎影响着过去的量子粒子将会怎样行动，尽管必须强调所有量子过程的固有不可预示性，禁止将这种安排用于逆时发送信号或以任何方式“改变”过去。

为实现有关延迟实验所设计的一个理想安排（将用光子而不用电子）如图4所示，这个安排是近来卡罗尔·阿勒及其同事们在马里兰大学所做一个实际实验的基础。入射到半镀银镜A上的激光分成两束，它们与杨氏实验中穿过狭缝的两条路径相类似，在M镜进一步反射，使光束改变方向后相交并分别进入光探测器1和2。按这样安排，由1或者2探测到一个光子，就足以确定该光子是从这两条路线中哪一条过来的。

现在，如果第二块半镀银镜B插在交汇点（见图4），两束光将重新组合，它们沿图示路线部分进入1，部分进入2。这会引起波的干涉效应，于是，进入1和2的光束强度分别与两束光在组合点处的相对位相有关。这些位相能通过调整光程长度而改变，因此，实质上可扫描出干涉图。特别地，可能这样安排位相，使得互毁干涉导致进入1的光强为零，100%的光进入2。采用这种安排，此系统类似于原始的杨氏实验，在杨氏实验中，不可能指明任意给定的光子取道两条路线中的哪一条（不严格地说，每个光子取道两条路径）。

现在，关键点是第二块半镀银镜B插入还是不插入，这个决定可以推迟做出，直到一个给定的光子几乎达到了交汇点。换句话说，光子将经由一条线路还是经由两条路线穿过该光学系统，是仅在穿越发

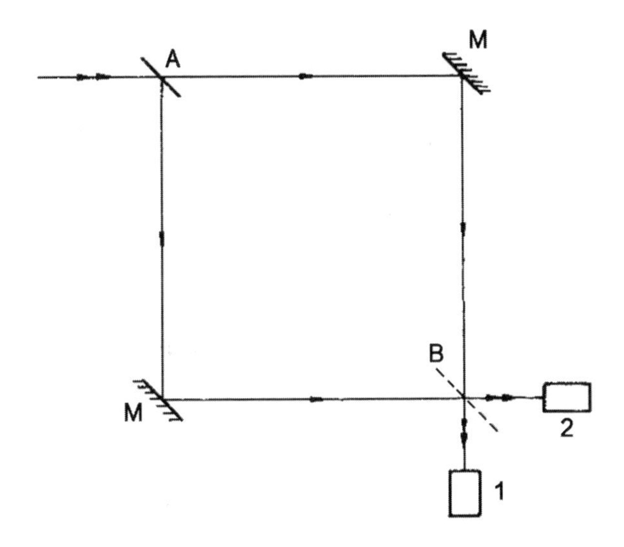

图4　关于惠勒延迟实验的一个实际方案的略图

生之后才予确定的。

所有这一切，意味着什么？

电子、光子和其他量子物体的行为，有时似波和有时似粒子这一事实，常常引起这样的问题：它们实际上是什么？玻尔的晚期工作奠定了这类问题的传统见解。他相信：他业已发现量子力学的一致解释。通常这叫作哥本哈根解释。这是根据丹麦的玻尔物理研究所命名的。他在1920年建立了这个研究所。

按照玻尔的观点，询问一个电子“实际”是什么的问题，是没有意义的。或者至少，当您提这个问题时，物理学家不可能给予回答。他宣称：物理学不告诉我们世界是什么，而是告诉我们关于世界我们能够谈论什么，特别是，如果一个物理学家就一个量子系统做一次实验，只要实验装置的全部细节为已知，那么，物理学家便可以就他可能观察的东西做出一个有意义的预言，从而便能以明白的语言转告他的伙伴们。

例如，在杨氏实验中我们有一个明确的选择：或者我们听任电子或光子自由自在，并观察干涉图；或者，我们可以窥探粒子的径迹并洗去这个干涉图。这两种情况并不矛盾而是互补的。

同理，存在位置与动量的互补性。我们既可以选择测量一个粒子的位置，这时，它的动量是不确定的；我们也可以测量动量，而把其位置信息出卖掉。每一个性质——位置与动量——构成量子物体的一个互补方面。

玻尔把这些思想上升为互补原理。例如，在波粒二象性中，量子物体的波动性和粒子性构成其行为的互补方面。他坚持：我们决不会遇到这两种不同行为在其中相互冲突的实验。

玻尔思想的一个深远的推断就是：关于宏观和微观、整体和部分之间关系的传统观念，被根本地改变了。他宣称：在你弄懂一个电子正在干什么之前，你必须指明全部实验条件。比方说，你要测量什么？你的仪器是怎样组装的？所以，微观世界的量子实在无法摆脱地跟宏观世界的组织缠绕在一起。换句话说，离开了同整体的关系，部分是没有意义的。量子物理学这种整体性特征，在东方神秘主义信徒中找到了极大的支持。神秘主义哲学包含在印度教、佛教、道教等东方宗教之中。实际上，在量子理论的早期，许多物理学家（包括薛定谔）很快就发现：部分和整体的量子概念跟东方关于自然界的统一与和谐的传统概念，十分相似。

玻尔哲学的核心是这样假设的，即不确定性和模糊性是量子世界所固有的，而不仅是我们对于它的不完全感知的结果。这是十分难以捉摸的问题。我们知道许多不可预言的系统：气候变化、股票市场与轮盘赌的千变万化，是一些极其熟悉的例子。然而，这些仍然没有迫使我们对物理学定律做出根本性的重新估价，其原因是在日常生活中大多数事物的不可预示性，可以追踪至这样的事实，即：在精确预言所需细节的水平上，我们不具有足够的信息以计算出它们的行为。比方说，在轮盘赌情形中，我们求助统计描述。同样，在经典热力学里，大量分子的集体行为可以用统计力学以平均方法成功地给予描述。然而，围绕计算平均值的涨落，在那里不是固有不确定的，因为原则上对每一个参与分子都能给出完全的力学描述（忽略了这例子中的量子效应）。

当涉及某些动力学变量的信息被摈弃时，模糊性和不确定性这个要素就被引进到我们对系统的描述之中。然而，我们知道，这种模糊性实际上就是那些我们选定摈弃的所有变量的活动性的结果。我们可以称它们为“隐变量”，它们总是存在的，只是我们的观察可能太粗糙，以致不能将它们揭示出来。例如，气体压强的量度太粗糙，以致不能揭示单个分子的运动。

为什么我们不能将量子模糊性归因于更深层级的隐变量呢？隐变量理论使我们能够将量子粒子的浑沌的、表观不确定的不羁行为描绘成是由下层级上完全决定论的力所驱动的。于是，我们似乎不能同时确定一个电子的位置和动量这一事实，可以归因于我们仪器的粗糙本性，因为它还不能对这个更为精细的基础层级做出探测。

爱因斯坦深信，事情必定如上所述。他相信：一个具有熟悉因果关系的经典世界，最终将处在量子疯人院之底下。他力图构建种种思想实验，以检验这种想法，其中最精细的一个是他在1935年与B.波多尔斯基及N.罗森合写的一篇论文中提出的。

爱因斯坦—波多尔斯基—罗森（EPR）实验

这个思想实验的目的是为了揭示对于扩展于一个大的空间域上的物理系统进行量子描述所具有的种种深刻的奇异性。此实验要我们考虑通过同时窥视一个粒子的位置和动量，以蒙骗海森伯不确定性原理。采用的计谋是使用一个同谋粒子，以实行一次取代所感兴趣粒子的测量。

图5　从其公共中心（假设为静止）飞开的两个等质量的碎片，具有等值反向的动量，并且离中心的距离时刻相等。因此，对A的动量或位置的一次测量，揭示着B的动量或位置

假设，一个单一的稳定粒子炸裂成两个相等的碎片A与B（见图5）。海森伯不确定性原理显然不准我们同时知道A或B的位置与动量。然而，由于作用与反作用定律（即动量守恒），对B动量的一次测量可以用来导出A的动量。同理，根据对称性，A离开爆炸点运动的距离等于B运动的距离，所以，B的位置测量揭示了A的位置。

在B处的观察者是自由的，他可能突然想要观察B的动量，也可能突然想观察它的位置，因此，按照他的选择，他将可能知道A的动量，或者A的位置。这样，对于A的动量或者A的位置的一次相继观察会给出所预言的结果。

爱因斯坦坚持："如果不以任何方式干扰一个系统，我们可以确定地预言……一个物理量的值，那么，就存在一个物理实在要素对应于这个物理量。"因此，他得出结论：在所描述的情况中，按照B处的观察者的选择，粒子A必定具有一个真实的动量或真实的位置。

现在，关键点是，如果A和B已经分开飞过非常长的路程，那么，人们就不愿假设对B实行的一次测量能够影响A。至少，A不可能即时地直接受到影响，因为按照狭义相对论理论，物理信号或影响不可能运动得比光还快：至少在光穿过A与B之间的时间之内，A不可能知道对B实行了一次测量，原则上，这可能是10亿万年！

玻尔反复重申他的哥本哈根哲学，以拒绝爱因斯坦的推理。这种哲学认为：量子粒子的种种微观性质必须视为是针对着全体宏观条件的。在EPR实验中，一个相距很远但关联着的同谋粒子（它将受到测量），构成量子系统的一个不可分割的部分。虽然没有直接信号在A与B之间穿过，按照玻尔的看法，这并不意味着当你讨论A的环境时，可以忽略对B实行的测量。所以，虽然没有实际的物理力在A与B之间传送，它们仍俨如同谋一般在其行动中进行合作。

爱因斯坦发现，对远离粒子中的每一个粒子做表观独立的测量，所给出的结果竟同谋合作得如此充分，真叫人无法接受这种关于同谋粒子的想法。他将它嘲讽为"幽灵式的超距作用"。他要求客观实在定域在每一个粒子上，就是这种定域性最终将他的思想带进与量子力学相冲突之中。当时所需要的是一个实际的实验检验，通过揭露粒子行动中的合作或幽灵式的超距作用，来对爱因斯坦和玻尔的观点做出鉴别，但是，半个世纪之后，才有这一进展。

贝尔定理

1965年约翰·贝尔研究了二粒子量子系统，并证明了一个强有力的数学定理。这个定理对于建立一个实际的实验检验，被证明是有决定性意义的。这个理论实质上跟粒子性质或作用力的细节无关，而是集中注意于支配全部测量过程的逻辑规则上。现给出后者的简单例子：英国的一次人口调查也许不可能发现，黑人人数大于男黑人人数加上所有种族的妇女人数。

贝尔考察了对两分离粒子同时实行测量的种种结果之间可能存在的种种关联。这些测量可以是关于粒子的位置、动量、自旋、偏振、或其他动力学性质。许多研究人员采用了偏振作为研究EPR关联的一种方便手段。假设角动量为零的母粒子衰变成两个光子A和B，根据守恒定律，一个光子必具有与另一个光子相同的偏振态，这可以用垂直于粒子路径的静止的测量装置，并在某共同方向（比方说向上）测量其偏振态来加以证实。事实上已发现：当粒子A通过其偏振片时，B也总是通过的，即：发现了100%的关联。反之，如果偏振片相互垂

图6　贝尔定理应用于从一个公共源发出的两个反向光子。对各光子分开实行偏振测量，贝尔定理预示这种测量的种种结果之间所允许的相关度存在一个极限

直安放，那么，每当A通过则B被挡阻，这时有100%的反关联。关于这一点没有什么不可思议的，在通常的经典力学中，这也是正确的。

当偏振测量装置相互倾斜放置时（见图6），决定性的检验就到来了。现在我们发现会期待某种介于完全关联和完全反关联之间的结果，这依赖于所选用的角度，后者既可沿平行、也可垂直于粒子飞行路线方向改变，它们还可以从一次测量到另一次测量做无规的改变。

贝尔的目标是力图找到这类测量结果能够关联的程度在理论上有何限制。例如，假设爱因斯坦基本上正确，量子行为真的是底层的混沌经典作用力的产物；又按照相对论规则，假设超光速信号是禁止的。那就可以说：第一个假设通常就指的“实在性”，因为它断言量子物体在任何时候以及在确定的意义上确实具有所有动力学属性；第二个假设称为“定域性”假设，或有时称为“可分性”假设。因为当物体在空间分离（即不在同一地方）时，它禁止它们之间有即时的物理影响相互作用。

在“定域实在性”的双重假设下，进一步假定逻辑推理的常规规则不是建立在量子不确定性基石上的，贝尔对于二粒子同时被测量时其结果的可能关联程度建立了一个严格限制。按照玻尔的观点，量子力学预言：在某些环境中，合作的程度会超过贝尔的极限，即：量子力学的常规观点要求在分离系统之间合作（或共谋）的程度超过任何“定域实在性”理论中的逻辑许可程度。这样，贝尔定理开辟了对量子力学的基础作出直接检验的通途，可在爱因斯坦的关于定域实在世界的思想与玻尔的关于充满亚原子共谋性的某种幽灵式世界的概念之间做出判决。

阿斯派克特实验

为了检验贝尔不等式，许多实验付诸了实施，其中最有成效的是阿斯派克特、达利巴德与罗哲等人在1982年12月《物理评论快报》

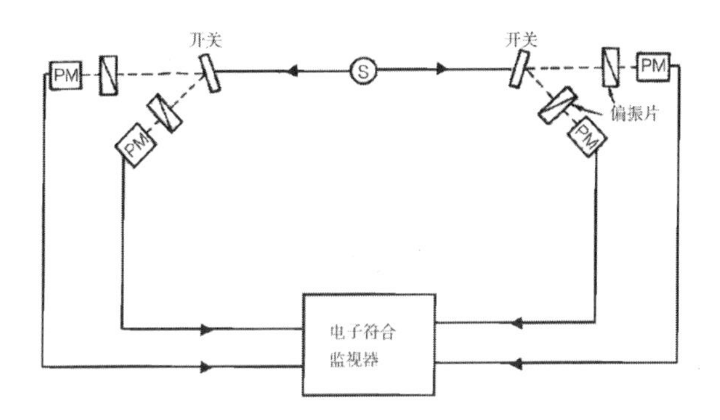

图7　阿斯派克特实验布局，从源S出发的光子对，运行数米即至声光开关。开关之后，光的路径确定它将遇到取向不同的那一个偏振片。光子利用光电倍增器（PM）予以探测。不同通道之间的符合由电子监视

（Physicol Review Letters，vol．39，p．1804）上报道的。

他们的实验是对于由钙原子单次跃迁中同时发射的反向运动的光子对进行偏振测量。实验布局如图7所示。

在此图中，用一对激光器将钙原子束激发（即双光子激发）至某态（S态），以充当光源。它只能通过双光子“级联辐射”再次衰变至原态。在光源两边约6米远处各置有一个声光开关装置，其原理是利用水的折射率略随压强而变这一事实。

在此开关中，利用反向传感器建立起约25MHz的超声驻波。安排光子以接近全内反射的临界角碰到开关上，致使每半个声波周期（即频率为50MHz）可以有一次由透射条件向反射条件的转换。

然后，无论是沿入射路径（透射之后）出射的光子还是偏转（通过反射）的光子，都遇到偏振片，它们会以确定的概率透过或挡住光子，这些偏振片以不同的角度相对于光子偏振取向。于是，光子的命运由固定在这些偏振片背后的光电倍增探测器所监视，光源两边的装置是一样的。

此实验是通过电子监视每对光子命运并评估关联的级别而实施的。这个实验唯一而本质的特征是：在光子飞行途中，可以任意地更改光子的继后路径（即改变它们将要指向哪一个偏振片）。这等价于光源每一边的偏振片如此快地重新取向，以致信号即使以光速也没有足够的时间从一边传递到另一边。

开关每转换一次大约要10纳秒，这可以与光子发射寿命（5纳秒）和光子的运行时间（40纳秒）相比较。

实际上，开关转换并不是严格无规的，在不同频率下的驻波是独立地产生的，除非采用最为机敏的隐变量“同谋”理论，这跟真正无规转换之间的差别是无关紧要的。

阿斯派克特等人报道：在他们的实验中，一次典型的实验持续12000秒，这段时间等分为三个阶段：其中之一的实验安排如上所述；另一个是将上述实验中的所有偏振片拆除；第三个是在S的两旁每边只拆除一个偏振片，这样就可以纠正实验结果中的系统误差。

实在的本性

上述检验中争论的问题，远不只是微观世界的各竞争理论之间做出澄清的技术问题。这个辩论跟我们对于宇宙以及实在本性的看法有关。

量子力学问世之前，大多数西方科学家认为我们周围的世界是独立存在的。就是说，它是由物体（如桌子、椅子、行星、原子）组成的。这些物体就“在那里存在着”，不管我们观察它们与否。按照这种哲学，宇宙是这种独立存在的物体的集合，它们合在一起就构成了事物的整体。当然必须承认，我们对事物所做的任何观察，都涉及某种跟它的相互作用，这意味着它不可避免地会受到一种干扰。然而，这种干扰被看成只不过是对于已是一种具体的和非常确定的存在的事物进行的一种偶然微扰。实际上，对于测量某事物所产生的干扰，原则上可以被弄得任意小，而且，在任何情况中都能顾及其完全细节，以致测量之后，我们可以准确地推导出被观察的物体所发生的一切。如果这是事物真实状态，我们就应毫不犹豫地说，在我们对物体的观察之前和以后，物体实际具有一组完全的动力学属性（如位置、动量、自旋和能量），于是原子和电子只不过是一些“小东西”。它们与“大东西”的差别仅在于尺度的不同，在别的方面，其实在性地位没有本质上的不同。

这个关于世界的图像是令人信服的，因为它是一种最容易符合我们对于自然常识的理解的图像。爱因斯坦称它为“客观实在”，因为外部事物的实在性地位并不依赖于一个有意识的个体的观察（试将此与我们梦中的事物做一对照，梦中事物是主观实在性的一部分）。但是，恰恰就是这个关于实在的常识观念，玻尔运用哥本哈根解释的哲学向它提出了挑战。

如前所述，玻尔认为：在对某个量子物体实行一次测量之前，就把一组完全的属性委归于它，那是没有意义的。因此，比方说，在光子偏振实验中，在测量之前我们不可能确定光子具有什么偏振态。但在测量之后，我们确实可以给该光子赋予一确定的偏振态。类似地，如果我们遇到要选择测量粒子的位置或是动量，则不可能在测量之前就说该粒子具有这些量的特定值。如果我们决定测量位置，其结局是某粒子在某处。反之，如果我们测量动量，我们就可得到一个运动着的粒子。在前一情况里，测量完成之后，粒子就不具有动量；在后一情形中，粒子并无定域。

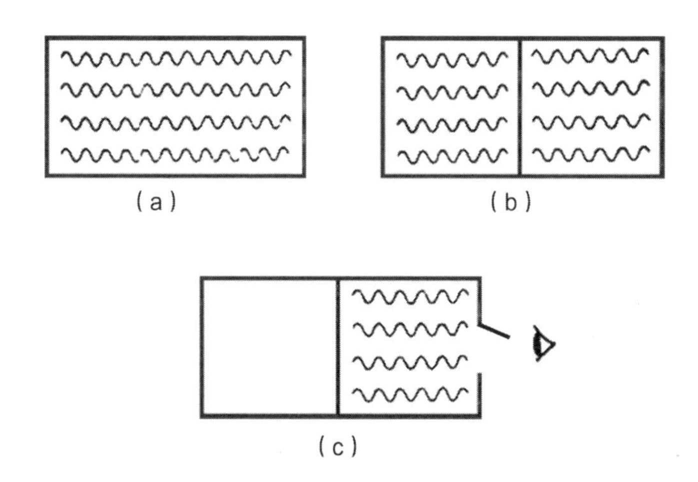

图8　一个量子波的坍缩

（a）当一单个量子粒子封闭在一个盒中时，它的相关波均匀展布于腔室内。　（b）插入一个屏把该盒分隔为两个隔离的腔室。　（c）一次观察揭示该粒子处于右腔室；在另一腔室中的波函数（代表着在那腔室中找到粒子的概率）骤然消失

我们能借助于一个简单例子很好地说明这些思想（见图8）。考虑一个装有单个电子的盒子。没有观察时，电子以相等的可能性位于盒中任何地方。因此，对应该电子的量子力学波均匀扩展于整个盒子。现假设有一块穿不过的屏被插进此盒之中，将它分成两个空腔室，显然，电子仅能处在一个腔室中。然而，除非我们窥视并知道电子在哪一腔室，这个波将仍然存在于两腔室之中。观察将会揭示出电子位于一个具体腔室内，就在那一时刻（按量子力学规则），波突然地从空的腔室中消失了。即使那个腔室一直是封闭得严严实实的。这好像是：在观察之前，有两个模糊不清的电子“幽灵”，分别栖居于一个腔室内，它们等待着一次这样的观察，这个观察将其中一个变为“实的”电子，而同时使另一个完全消失。

这个例子也很好地说明了量子力学的非定域性。假设两个腔室A和B被分离开，而且移开一个很长的距离（比方说1光年）。然后，由一个观察者检查A，发现A包含该粒子，则即使B距离有1光年远，B中的量子波也及时消失了（然而必须重申：由于每次观察的不可预言性，这种安排不可用于超光速信号传送）。

一般说来，一个量子系统将处于一个由许多（可能为无限个）叠加量子态所构成的态之中。这种叠加的一个简单例子，如上述所给出，它涉及两个不相联结的波图像，每个腔室中有一个。更典型的例子为杨氏双缝实验，在此实验中由两个缝来的波实地重叠并相干。

在偏振光穿过倾斜取向偏振片的讨论中，我们曾遇到这种叠加。如果入射光波跟偏振片成45°，可以将它视为互成直角偏振的两个等强度波相干组合而成，如图2所示。与偏振片平行的波会透过去，而另一个则被阻挡住。我们可以将包含一个与偏振片成45°偏振的光子的量子态视为两个“幽灵”或两个“潜光子”的叠加：平行偏振的一个得以通过偏振片；垂直偏振的另一个则不能通过。当测量最后完成时，这两个“幽灵”中之一被提升为“实”光子，另一个则消失。假设测量表明：光子穿过偏振片，则测量前平行于偏振片的“幽”光子变成了“实”光子。但我们不能说这个光子在测量之先“实际存在”。所能说的只是该系统处于两量子态叠加之中，没有哪一个光子具有优越的地位。

物理学家惠勒喜欢打一个令人愉快的比喻，它很恰当地说明测量前量子粒子的奇特地位，这故事是20个问题游戏的一种翻版。

然后轮到我了，第4个从房子里被打发出去，以便让洛查·诺德巴姆的其他15个客人午餐后可以秘密协商，就一个难词取得一致意见。难以置信我被关在门外那么长时间。当我最后被允许进去时，我发现每个人都面带笑容，一种逗趣或谋算的征兆。我仍着手努力探寻那个词："它是动物吗？""不是。""它是矿物吗？""是的。""它是绿色的吗？""不是。""是白色的吗？""是的。"这些回答来得很快。接着，答问开始变长了。真奇怪，虽然我要求朋友们答复的只是一些"是"或"不是"的简单问话，答疑者在回答之前还是想了又想。在"是"与"不是"之间犹豫不决。最后，我感到我正在逼近谜底了。那个词可能就是"云"。我知道在最后的词上我只有一次机会了。我豁出去了："是云吗？"回答说："是的。"每个人都爆发出大笑。他们向我解释说，原先并未约定一个词，他们一致同意不统一约定一个词，每一个人能尽其所爱回答问题——但带有一个要求，即：他心中必须有一个可与他自己的回答，以及所有已经做出的回答相适合的词；否则，如果我提出质问，他就输了。因此，20个问题游戏的这种出乎意料的变体，对于我的伙伴，如同对我一样，是件难玩的游戏。

这个故事的象征是什么呢？我们曾经相信：世界是独立于任何观察作用而"外在地"存在的；我们曾认为原子中的电子在每时每刻都具有确定的位置和确定的动量。当我进屋时，我认为屋内有一个确定的词，实际上这个词是通过我所提的问题一步一步演化出来的。就像关于电子的

> 信息是被观察者选中要做的实验，即通过他放进的各种记录设备而被带进存在之中一样。如果我提出过不同的问题，或依不同的次序提同样的问题，就会以不同的词告终，正如实验者关于电子行为会有不同描述而告终一样。然而，我把特定词“云”带进存在之中所具有的能力仅是部分的，选择的主要部分存在于房内同伴们的“是”与“不是”的回答之中。类似地，实验者通过选择他要做的实验（即他向自然将要提的问题）对电子将发生的行为具有某种实质的影响。但他知道；关于任一次给定的测量将会揭露什么结果，关于自然会给出什么回答，以及关于上帝掷骰子时会发生什么，等等，存在着一种不可预示性。量子观察的世界跟上述翻版的20个问题游戏之间的类比是风马牛不相及的，但它们却有一个共同点：在游戏中无字便是字，除非通过选择一系列的问与答，将该字变为现实。在实际的量子世界里，任何一种基本量子现象只有在其被记录下来之后。才是一种现象。

因此，哥本哈根关于实在的观点，肯定是奇特的。它意味着，一个原子、电子、或无论什么东西，都不能说是以其名词的完全与常规的意义而“存在”的。

这自然激发起这样的问题：“什么是电子？”如果它不是以其自身的资格“外在”的某种东西，为何我们能如此自信地谈论电子？

玻尔的哲学似乎将电子和其他量子实体降到相当抽象的境地。但是，如果我们单纯地往前走，并单纯地利用量子力学的规则，俨如电子是实在的一样；那么，我们似乎仍然得到一些正确的结果；对于一切提得正确的物理问题，（如一个原子的电子具有多少能量？）我们可以计算出答案来，并且取得与实验相一致的结果。

涉及电子的一个典型量子计算，是计算一个原子激发态的寿命。如果我们知道原子在t_1时刻被激发，那么，量子力学能使我们计算其在以后某时刻t_2不再处于激发态的概率。因此，量子力学向我们提供了关联两次观察（一次在t_1时刻，另一次在t_2时刻）的算法。这里，所谓“原子”是作为一种模型呈现出来的，它能使这个计算方法预示一个具体的结果。人们绝无可能直接在衰变过程中实地观察到原子，关于它，我们所知道的一切都包含在对其t_1和t_2时刻的能量的观察之中。显然，除了必需为我们的实际观察预言获得令人满意的结果之外，我们没有必要就原子而假设更多的东西。由于“原子”的概念从来就是只在对它实行观察的实践中才会碰到，所以，人们可以坚持认为：物理学家所必须关注的只是一致地关联各种观察结果。为了达到这种一致性，不必把原子视为“实际存在着的”一种独立的东西。换句话说，“原子”只不过是谈论一组关联不同观察的数学关系的一种方便的方法而已。

世界的实在性扎根于观察之中，这种哲学类似于所谓的逻辑实证主义。或许，它似乎不中我们的意，因为在大多数情况下，世界仍然好像它具有独立存在性那样行动。实际上，仅当我们目睹量子现象时，这种印象才显得站不住脚。即使在那种情形中，许多物理学家在其实际工作中仍继续以常规意识方式思考着微观世界。

其原因是所使用的许多纯抽象数学概念变得为人们所广为熟悉，以致他们凭着自身的观念来假设一种虚假的“实在”气氛。在经典物理学中，情况也是如此。以能量概念为例，能量是一个纯抽象的量，它作为一个有用的模型引进物理学中，采用这种模型我们可以缩短复杂的计算。你不可能看见或摸到能量，可是现在，能量这个词在日常谈话中竟是非常之多，以致人们认为能量是有其自身存在性的确切实体。实际上，能量只是以简单的方式将力学过程中各种观察联系在一起的一组数学关系中的一部分。玻尔的哲学启示人们：像电子、光子或原子这些词，应该按同样的方式来看待——即它们是一些在我们想象中将实际上只是一组关联各种观察的数学关系固定起来的模型。

测量佯谬

尽管其含意奇特，玻尔的所谓量子力学哥本哈根解释，实际上是职业物理学家们“正式的”观点。在量子力学的实际应用中，物理学家很少需要面对任何认识论问题。只要系统地应用量子法则，理论就可办理一切可以期待它办理的事情！换言之，它正确地预示着实际测量的结果。归根结蒂，这是物理学家的事业。然而，有些物理学家不满意理论就此止步，因为似乎有一个毁灭性佯谬存在于哥本哈根解释的深处。

玻尔观点的核心是：一般地只在做了一次特定测量（或观察）之后，我们才能有意义地谈论单个量子系统的物理属性。显然，这赋予测量作用以一种严正而特殊的物理地位。如我们曾见到的，指明测量的内容需要具体陈述仪器的类型和定位。这意味着我们大家可以就附属于诸如“一个盖革计数器放置在离源2米的地方”之类的短语的意义取得一致的看法。当我们问到量子系统和宏观仪器之间的分界线画在何处时，麻烦就出现了。归根结蒂，盖革计数器本身是由原子构成的，并受量子行为支配。

按照量子力学规则，一个量子系统可按两种十分不同的方式在时间中演化。只要该系统能够看成是孤立的，其时间演化可以用数学家称之为幺正算符的东西来描述。在更为物理化的术语中，幺正演化对应于这样一种东西，假设系统的状态由几个相叠加的不同的波图所组成（见图3），则不同的分波会连续地相互干涉，产生一个复杂的变化着图像，这类似于池塘表面的涟漪。事实上，这种量子演化的描述跟任何其他似波系统的描述是极其相似的。

对照起来，现在假设实施某种测量，效果就是戏剧性的了。突然间除了仅留下与“答案”相对应的单一波图之外，所有其余构成波全都消失，干涉效应停止，继后波图全然改变了（前面给出了一个例子）。波的这种似测量演化是不可逆的，我们不可能取消它，并恢复原来复杂的波图。数学上，这种跃迁是“非幺正的”。

我们怎样理解量子系统中的这两种完全不同的行为模式呢？显然，在一次测量时所出现的骤然变化，与量子系统耦合一个与之相互作用的仪器有关，它不再是孤立的了。数学家冯·诺伊曼证明了：对于一个模型系统来说，这种耦合确实具有前述效应。然而，我在这里再一次遇到测量的基本佯谬。测量仪器本身由原子构成，所以受量子行为规则的支配。实际上，我们并没有觉察到宏观装置中任何量子效应，因为这种效应非常之小。尽管如此，如果量子力学是一个一致性理论，则无论仪器可能怎样巨大，量子效应必定存在。于是，我们可以选择将被测物体与测量仪器的耦合安排看成是一个单一的大量子系统。但是，假设这个组合系统可视为是从更大的系统中隔离出来的，则同样的一些量子力学规则，包括幺正演化规则在内，现在就应该应用于更大的系统之中了。

为什么这是一个问题呢？假设原来的量子系统为两个态的叠加，例如，与偏振片成45°的偏振光的情形。在这种情形里，入射态为两个可能的光子态的叠加，一个平行于偏振片，另一个垂直于偏振片，测量的目的是看光子是否穿过偏振片或被它挡住。测量仪器将有两种宏观状态，每一个都关联着光子的两种偏振态。麻烦的是，根据应用于该组合系统的量子力学定律，现在此仪器变成了态的一种叠加了！诚然，如果仪器设计得正常，由这两态重叠（即干涉）所引起的任何干涉效应会是微不足道的。但原则上，这种效应仍然存在。我们由此不得不得出结论：现在仪器本身处于不确定的边缘状态之中，对于电子、光子等，我们已经认可这种状态了。

冯·诺伊曼做出结论：测量装置，仅当它本身也受到一次测量，从而激起“下定它的决心”（技术上叫作波函数坍缩到某一具体的本征态上）时，才可能被认为实际上完成了一次不可逆的测量作用。但我们现在堕入了无限的回归，因为这第二个测量装置本身又要求另一装置将它“坍缩”成为一个具体实在的状态。如此等等，就有如仪器对一个系统的耦合能使量子态的幽灵似叠加入侵至实验室中一样！我们可以将宏观物体置入量子叠加之中，我们能够这样戏剧性地展示量子理论的奇性。

薛定谔猫佯谬及更糟的情况

量子力学的奠基人之一埃尔温·薛定谔在1935年就已经觉察到量子叠加的哲学问题怎样可以在宏观级上出现。他以戏剧性的手法，借助于一个现在驰名的猫思想实验，说明了这一问题（图9）。

> “一只猫关在一钢盒内，盒中有下述极残忍的装置（必须保证此装置不受猫的直接干扰）：在盖革计数器中有一小块辐射物质，它非常小，或许在1小时内只有一个原子衰变。在相同的概率下或许没有一个原子衰变。如果发生衰变，计数管便放电并通过继电器释放一锤，击碎一个小的氢氰酸瓶。如果人们维持这整个系统1个小时，那么人们

图9　薛定谔猫佯谬。毒杀装置是一种把一个量子叠加态放大到宏观级上去的手段，在宏观级上似乎默认了一种死猫与活猫并存的佯谬混态（此图取自于S.R.德韦特《量子力学与实在》Physics Today，23，9）

会说，如果在此期间没有原子衰变，这猫就是活的。第一次原子衰变必定会毒杀了猫。”

我们自己心里十分清楚，那只猫是非死即活的，两者必居其一。可是，按照量子力学规则，盒内整个系统处于两种态的叠加之中，一态中有活猫，另一态中有死猫。但是，一个又活又死的猫，是什么意思呢？据推测，猫自己知道它是活还是死。然而，按照冯·诺伊曼的回归推理，我们不得不做出结论：不幸的动物继续处于一种悬而未决的死活状态之中，直到某人窥视盒内看个究竟为止。此时，它要么变得生气勃勃，要么变为即刻死亡。

如果把猫换成一个人，那么佯谬变得更尖锐了，因为这样一来，监禁在盒内的那位朋友会自始至终意识到他是健康与否。如果实验员打开盒子，发现他仍是活的，那时他可以问他的朋友，在此观察（显然是至关重要的）之前他感觉如何。显然，这位朋友会回答，在所有时间过程中，他绝对活着。可这跟量子力学是相矛盾的，因为量子力学坚持在盒内东西被观察之前，那位朋友仍处在活—死叠加状态之中。

猫佯谬摧毁了我们本可以有的如下希望，即：量子幽灵以某种方式局限于原子的阴影似的微观世界之中；在原子领域中实在的佯谬性质与日常生活和经验是不相关的。如果量子力学作为所有物质的一种正确描述被接受，这种希望显然是会落空的。如果遵循量子理论的逻辑到达其最终结论，则大部分的物理宇宙，似乎要消失于阴影似的幻想之中。

爱因斯坦跟其他一些人一样决不可能接受这种逻辑结论。他确实曾经问过，没有人注视时，月亮是否存在？科学是一项不带个人色彩的客观的事业，将观察者作为物理实在的一个关键要素的思想，看来与整个科学精神相矛盾。如果没有一个“外在的”具体世界供我们实验与揣测，全部科学不就退化为只是追逐想象的一种游戏吗？这么说，测量佯谬的解答是什么？正是为了回答这个问题，我们的采访对象，实际上就会（我们将会看到）持有十分不同观点而同大家见面了。让我们首先考察某些一般见解。

实用主义观点

大多数物理学家并不对量子理论的逻辑做刨根问底的追究。他们心照不宣地假设，在原子与盖革计数器之间的某一层次上，量子物理学以某种方式“转化成”经典物理学。在经典物理中，桌子、椅子、月亮的独立实在性是毋庸置疑的。玻尔说过，这种变形要求量子扰动的“一个放大的不可逆作用”，这一作用导致一个宏观可探测的结果。但是，他没有说清楚这种作用的准确后果是什么。

精神支配物质

观察在量子物理学中所起的关键作用，必然导致有关精神与意识的本性，以及它们与物质的关系等问题。事实上，一旦对量子系统做出观察，它的态（波函数）一般会骤然改变，这一事实听起来就像是“精神支配物质”的思想。似乎当实验人员刚觉察到测量结果时，改变了的心理状态会以某种方式反馈给实验室仪器，从而反馈给量子系统，使其也改变它的态。简言之，物理态作用改变心理状态，而心理状态又反作用于物理态。

前面曾提到冯·诺伊曼怎样设计无止境的测量装置链。每一个装置都观察着这系列中的“前一个”成员，但是没有一个测量装置带来波函数的“坍缩”。于是，仅当牵涉一个有意识的个体时，此链才会终结。只有测量结果进入某人的意识之中，量子“边缘”态的混合体才会坍缩成具体的实在。

尤金·魏格纳是一位强烈倡导这种说法的物理学家。按照魏格纳的主张，在给量子态带来骤然的不可逆变化中，精神起着基本的作用，这种变化是一次测量的特征。仅用自动记录装置、电视摄像机之类的东西来装备实验室是不够的，除非有某人实际看见指针在表头上的位置（或实际看到电视记录），量子态仍将处于边缘地带之中。

在上一节里，我们看到薛定谔怎样在他的思想实验中雇用一只猫的。猫是足够复杂的宏观系统，要把二者择一的两个态（活与死）戏剧性地区别开来，是不难办到的。然而，一只猫是否复杂到足以被视为一个观察者，从而不可逆地改变着量子态（即“坍缩波函数”）？如果能如此，老鼠怎样呢？或者蟑螂怎样呢？变形虫怎样呢？意识是在什么地方首先进入地球上复杂的生命系列之中的？

前面的种种考虑是与哲学中令人恼火的精神一实体问题紧密相联系的。许多人曾一度信奉哲学家赖尔称之为精神和实体（大脑）之间关系的“正统观点”，这个观点至少可以追朔到笛卡儿。按照这个观点，精神（或灵魂）是一种物质，是一类短暂、不可触知的特殊物质，它不同于但耦合于构成我们身驱的可触知物质。因此，精神是一种可能具有状态（心理状态）的东西，它可以由于与脑耦合（通过接受感知信息）而改变。但这不是问题的全部。脑与心灵的耦合链环是双向工作的，它可以使我们将意志强加于脑，甚至强加于身体。

然而，今天许多科学家已经不欢迎这种二元论思想了，他们宁愿把大脑看成是一种高度复杂、却不神秘的电化学机器，像任何其他机器一样，遵循着相同的物理学定律。因此，脑内部状态应该由它的过去状态以及任何外来感知事实的影响所决定。类似地，脑发出的信号控制着人们称之为“行为”的东西，则完全由该时脑的内部状态所决定。

脑的这种唯物主义描述的困难在于：它似乎把人归结为只不过是自动机，不允许为独立精神或自由意志留有余地。如果每个神经脉冲都得遵循物理学定律，那么精神怎样侵扰它的操作呢？但是，如果精神没有侵扰，我们怎么会很自然地按照个人意志控制我们的身驱呢？

随着量子力学的发现，许多人（最突出的是阿瑟·爱丁顿）相信他们已经摆脱了僵局，因为量子系统是固有不确定的，一切物理系统（包括脑在内）的机械图像被认为是虚假的。海森伯不确定性原理通常允许任意给定的物理态有许多可能的结局，不难揣测，意识或精神在决定何种可利用的结局会实际实现中有一种选择权。

进而，想象某个脑细胞中有一个电子被调整至临界引发状态，量子力学允许此电子在许多径迹上漫游，或许需要精神对量子骰子加一点负荷，从而促使该电子偏爱某一方向，以便引发该脑细胞，开创一串相关的电激活性连锁反应，比方说，以举起手臂而达高潮。

不管其诱惑力如何，借助于量子不确定性原理，精神在世界上找到了其表达形式，这种思想实际上并没有被认真地对待，这不只是因为脑的电激活性看来比电子更有活力。归根结蒂，如果脑细胞是在量子水平运转，那么，由于极大数量电子中的任何一个都会引起各行其是的、无规则的量子涨落，因而整个脑的网络是十分脆弱的。

精神是一种能跟物质相互作用的实体的整个概念，已被赖尔批判为范畴错误。他把关于精神的正统观点嘲弄为“机器中的幽灵”。赖尔认为，当我们谈到脑时，我们便使用着适合于某一确定描述层次的一些概念。另一方面，关于精神的讨论则涉及一个完全不同的、更抽象的描述层次。它颇像英国政府与英国宪法之间的区别：前者是个体的一个具体集合；后者则是一个抽象的思想集合。赖尔争辩说，谈论精神与脑之间的交流，就像谈论政府与宪法之间的交流一样，是没有意义的。

或许，可以在计算机的硬件和软件概念中找到一个更适合于现代世纪的较好类比。计算机硬件起脑作用，而软件类似于精神。我们可以无忧无虑地接受：一部计算机的输出完全由电路定律以及输入信息唯一的确定。我们很少问：“程序怎样使得所有这些小电路按正确顺序激发的？”然而，我们仍然运用像输入、输出、计算、数据、答案等概念，用软件语言给出一个等价描述。

对计算机操作采用硬件描述和软件描述，这对孪生描述是相互补充而不是相矛盾的。因此，这种情况极类似于具有玻尔互补原理的量子力学。当我们考虑波粒二象性时，这种类似确实是密切的，正如我们曾经看到的，量子波实际上是我们对系统的知识的一种描述（即软件概念），而粒子则是一块硬件。量子力学的佯谬是：硬件描述层次与软件描述层次以某种方式变为无法解脱地缠绕在一起。除非我们理解了机器中的幽灵，我们似乎是不会理解原子中的幽灵的。

多宇宙解释

只要是处理有限系统，就有可能忽略跟量子测量过程相联系的概念问题。人们总能寄希望于同更大环境的相互作用以坍缩波函数。可是，当我们考虑量子宇宙学问题时，这种推理方式就完全失效了。如果我们把量子力学运用于整个宇宙，那么，外界测量仪器的概念就没有意义了。除非以某种方式把精神牵连进来，那些想使量子宇宙学有意义的物理学家们，似乎不得不从量子态自身去寻找测量作用的意义，因为不再可能有外界测量装置带来不可逆的波函数坍缩。

20世纪60年代，人们对量子宇宙学越来越感兴趣，发现了许多有关时空奇异性的定理。这些奇异性很可能就是时空的边界，在那里，所有已知的物理学都失效了。奇异性由强引力场形成，并预料它们存在于黑洞内。人们还相信：宇宙始于一个奇点。因为奇异性代表着物理学的完全失效。所以，有一些物理学家把它们看成是令人厌恶的病态。据猜测，奇异性或许是我们关于引力知识不完备的产物，这种知识目前不能令人满意地把量子效应并入进来。有人争辩，如果量子效应能够包括进来，那么，奇异性就可以消除。为了剔除大爆炸奇异性，我们必须使量子宇宙学具有意义。

1957年，H.埃弗雷特提出了量子力学的一个根本不同的解释，这种解释拆除了量子宇宙学的概念障碍。测量问题的本质，仍是理解一个处于一态或多态叠加之中的量子系统，作为一次测量结果，是怎样骤然跳到一个具有确定的观察量的具体态的（见图10）。前面讨论的薛定谔猫实验就是一个好例子。在那里，量子系统可以演化为两个非常不同的态：活猫态和死猫态。因此，量子力学概念解释不了猫的活 — 死叠加态怎样转换成猫的非死即活态的。

按照埃弗雷特的观点，跃迁的出现是因为宇宙分裂成了两个拷贝，一个包含着活猫，另一个包含着死猫。两个宇宙还包含有实验人

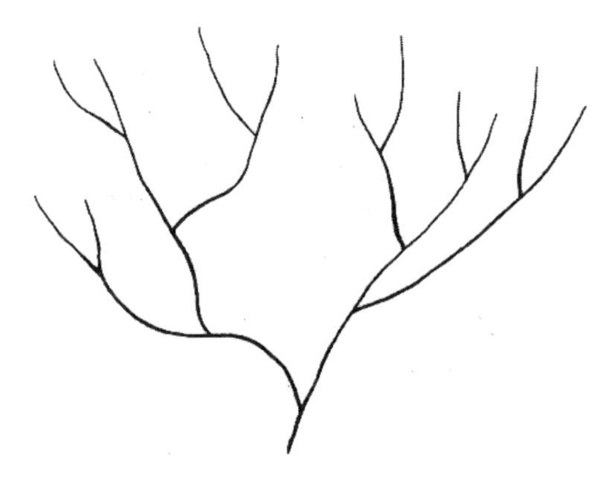

图10　分裂的宇宙。按照埃弗雷特的观点，当一个量子系统要在诸结局中做出一次选择时，宇宙就分裂，以使一切可能的选择都会实现。这意味着：任一给定的宇宙会不断地分裂成惊人数目的、相接近的拷贝

员的拷贝，其中每个人都认为他是唯一的。一般说来，如果一个量子系统为n个量子态叠加，则由于测量，该宇宙会分裂成n个拷贝。在大多数情况下，n为无限大。因此，我们必须承认，在任何时刻都存在着跟我们见到的这个世界并存的无限多个“平行世界”。而且有无限多个多少与我们每个人一样的个体，居住在这些世界中，这是一种怪异的思想。

在这个理论的原始说法中，假设了每发生一次测量，宇宙就分裂一次。虽然，对于什么是一次准确测量，总是交代不清的。有时用到“似测量的相互作用”一词，似乎甚至从普通的未被观察的原子的跃变中也会产生分裂。布赖斯·德韦特是这样表述的：

> 在每一个恒星、每一个星系中，以及在宇宙的每一个遥远的角落里，所发生的每一种量子跃迁，都在把地球上我们这个定域世界分裂成无数个自身的拷贝……这里是报复性的精神分裂症。

更近期，大卫·多奇（见第6章）已将此理论略加修改，以使宇宙的数目保持固定，不存在分裂。代之以大多数宇宙起始时是完全同一的，测量发生时，才出现差别。因此，在薛定谔猫实验中，两个原来相同的宇宙变异了，致使在一个宇宙中猫是活的，而在另一个宇宙中猫是死的。这种新图像的一个优点是它避免了一种错误印象，即：某些机械的东西在活动着，好像宇宙真的处于会分裂的情形中似的。

多宇宙论一直受到两个主要批评。

第一个批评是，多宇宙论将十分荒诞的“超形而上学的东西”引进我们关于物理世界的描述之中。我们从来都只体验着一个宇宙，所以仅为了解释一个在我们这个宇宙中难以捉摸的技术特征（波函数的坍缩），而引入无限个别的宇宙，似乎是与奥卡姆剃刀原理[1]相违背的。

多宇宙论的支持者在其答辩中争辩：与表述一个理论所必须假定的基本假设的数目相比，理论的“硬件”在该理论中，是比较无关紧要的。为了使乍看起来无意义的理论具有意义，量子力学的其他解释全部都引入了一些认识论假设。然而，多宇宙论不需要做这种假设。据称，这种解释是从量子力学的形式规则中自动涌现出来的，无须就该理论的意义做出任何假设。没有必要引进波函数在测量中坍缩这样一个分立的假设，根据定义，每一个供选择的宇宙各自包含着一个可能的坍缩波函数。

对多宇宙论的第二个异议是，称它是不可能检验的。如果我们的意识在某一时刻被局限于一个宇宙，我们怎样才能证实或否定所有其他宇宙的存在呢？我们将会看到：如果人们准备承认智能计算机的可能性，那么，最后将有可能对此理论引人瞩目地做出实际的检验。

支持只存在一个宇宙系综的最后一个论据是：对于物理学、生物学和宇宙学中发现的许多难以对付的神秘的“巧合性”“偶然事件”，

1.奥卡姆的威廉（Willian of Ockham，1285—1349），英国唯名论哲学家，他反对把人类关于简单性的思想置于自然界中。但他却利用简单性作为形成概念和建立理论的标准。他认为应该淘汰多余的概念，并建议在说明某类现象的两个理论中应该选择更简单的。后人常称这个方法论原理为“奥卡姆剃刀”。——译者注

可以提供一种容易的说明。例如已经证明，在大尺度上，宇宙是明显地有序化的，物质和能量以令人难以置信的方式分布着。很难解释这种偶然的安排怎么恰好来自于大爆炸的无规混沌之中。然而，如果多宇宙论是正确的，那么，宇宙的这种表现上设计的组织就不神秘了。我们可以安全无恙地假设，物质和能量的一切可能的安排会在无限的宇宙系综中的某处得到体现。仅在宇宙系统的很少很少的一些宇宙中，事物才安排得如此精密，以出现了生物、观察者，等等。因此，曾经观察到的仅只是那个极非典型部分。简短地说，我们的宇宙是引人注目的，因为我们靠自身的存在选择了它。

统计解释

在这种审视事物的方式中，物理学家放弃了一切试图找出在单个量子测量事件中实际上所发生的事物的努力，代之以返回到完整测量集合的陈述上。量子力学正确地预示了各种测量结果的概率，它只需注意局限于整体统计学，不存在要回答关于测量问题的情况。

可能的非议是：统计（或系综）解释并不解决测量问题，它只回避了这个问题。付出的代价是不再有任何希望讨论这样的问题：在一次具体的测量发生时，实际上会发生什么？

量子势

在试图构建量子力学的一个隐变量的努力中，演化出来了另一种完全不同的方法，如前面所讨论的，量子力学预言贝尔不等式不成立。如果这是正确的话，则要求放弃两个物理假设中的一个。在证明贝尔不等式时，曾用过这两个假设，其中一个是“实在性”。如我们所知，玻尔的哥本哈根解释采取了放弃这个假设的立场。另一个是“定域性”假设。粗略地说，它是指不存在以超光速传播的物理效应。

如果摈弃定域性，那么对于微观世界就可能产生一种极类似于日常世界的那样一种描述，即物体以确定的状态，且具有完全的物理属性，具体地独立存在着，现在就无须模糊性了。

所要付出的代价当然是非定域效应给其自己带来的一大堆困难了；尤其是，信号有能力返回到过去。这会给形形色色的因果佯谬开辟通途。

尽管有这些困难，有些研究人员，最突出的是大卫·玻姆与巴席尔·海利（见第8章与第9章），他们一直从事于非定域隐变量理论的研究，发明了他们称之为“量子势”的东西。这与诸如引力场、电磁场等力场相关联的较为人熟悉的势相类似，差别在于量子势的激活性依赖于系统的整体结构。这就是说，它将测量仪器、远处观察者等翻译成信息。因此，某大范围空间（原则上，整个宇宙）的全部物理情势都包含在这个量子势之中。

尽管都是全力阐述量子物理学的意义，但在关于所采用的方法上，物理学家们仍未取得一致的意见。实际上，上面给出的简要概述，根本没有穷尽近年来讨论过的不同解释。一个理论在半个世纪以前其基本细节多少就已经完备了，而且它已证明在实际应用中有着辉煌的成

就，但它却还没有最终完成，这肯定是不寻常的。事情的这种状态极大地归因于这样的事实，即关于量子理论基础的讨论多属理论性的，充其量，它们只涉及“思想实验”。它所关心的范围是如此难以试探，以致运用实际的实验来检验这个理论的基础是件极稀罕的事。由于这个原因，人们以极大的科学兴趣接受了阿斯派克特的关于贝尔不等式的实验检验。

第2章 阿莱恩·阿斯派克特

阿莱恩·阿斯派克特(Alain Aspect)是法国奥赛的理论与应用光学研究所的一位实验物理学家。几年来,他和他的同事们改进了对贝尔不等式实行直接实验检验的技术,1982年在《物理评论快报》(Phys.Rev.Lett.Vol.49,91 & 1804)上报道的实验,迄今为止被认为是对量子力学基础做出的最有决定性意义的实验检验之一,而受到广泛的称赞,并在理论界激起了极大兴趣。

你能简单地描绘一下你是怎样实现你的实验的吗?

要描绘它,那是十分困难的。不过,我可以粗浅地说一说。首先我们有一个发射相关光子对的源,然后必须对这些光子中的每一个做某种困难的测量。我们实验的主要特征之一就是改进这个(光子)源的效能。以往研究EPR关联的各种努力之所以导致相当不确定的结果,主要是因为所使用的源仅能产生弱信号。

你使用的是什么源?

理想的源应该是一个钙原子：我们以一种具体方式激发这个钙原子，然后观察当该原子释放能量落回到其正常未激发态时所发射的光（一对光子）。其实，并非那么简单，因为我们不可能非常精确地捕捉住一个单个的钙原子并控制它。所以，我们运用的是原子束——在真空中运行的一串原子。然后，我们用两束激光焦聚到原子束上，以非常精确的方式使原子激发。

这种技术在早期实验中未曾用过吗？

没有。但有一个例外，那就是1976年弗赖与汤普孙在得克萨斯做过的实验，不过他们的实验存在一些别的问题，而且他们的信号不太强。

但这只是一个新特点，你还引进了什么别的特征来改进早期的努力？

依我看，这就是主要的改进了。因为一旦采用了较强的信号，我们就有可能做出更精确的测量，并且对实验结果更自信了。我们进行过许多补充检验，以证实一切事情都跟量子力学所预言的相一致，然后转向做一种新的实验。此时我们做过相当多的精确的偏振测量。就这种意义讲，我们所做的第二种实验更接近于原始的EPR思想实验。在这些实验里，你必须测量光子的偏振态，其结果是“有”或“无”，正1或负1。在早期实验中以及我们的第一组实验中，人们仅能获得正1的结果，负1的实验结果被丢失了。所以，为了推断出可能的负结果，必须使用某种相当间接的推理。

所以，这里有两个改进：一个是能较好控制的较好源；另一个是能测量更多东西的能力？

是的。

这样一来，你也就能以一种急速的方式对光子对做实验，以致于光子之间不能以光速或不能低于光速对话。你是怎样做到这一点的？

你这是讲的第三个实验。在这个实验里，我们力图确保该系统的两个不同部分是真正相互独立的。这是因为量子力学预言：即使两套测量仪器相距甚远（在我们的实验中为15米），它对于光子对测量的结果之间还是有着非常强的关联。在朴素的实在论图像中，这种关联的一种可能的理解方法，是承认这两套测量仪器之间有某种神秘的相互作用。为了排除这种解释，有些人坚持，如果迅速改变某些因素（如一个测量仪器的取向），那么，由于信号不可能超光速传播，另一个仪器便不可能对这种变化做出响应。所以，我们就做了这个实验。

实验的这种分割成因果不相关的两部分区域就是所谓“爱因斯坦可分隔性”吗？

是的，有些人称之为爱因斯坦可分隔性。

这样一来，做完这个实验后，从其结果你得出什么结论呢？

首先，我必须说，这第三个实验在技术上比前一个实验更困难。所以，这第三个实验的结果不是那么精确的。但只要它们真正正确，我们就可以说，其结果违反贝尔不等式。这意味着，我们不能维持保留有爱因斯坦可分隔性概念的简单世界图像。这是实验结果的第一个特征。

所以，你相信在分离区域之间可能有某种超光速的信号发生吗？

不，如果你的所谓“信号”意指存在某种真实的信息传递，那么，我不认为存在一种信号。这些实验一方面表明它们违背贝尔不等式，另一方面，它们却又与量子力学预言很好地吻合。所以，我们认为量子力学仍然是一个非常好的理论。即使在这类实验里，要超光速地发送任何消息或有用信息是不可能的。所以我肯定不会得出存在着超光速信号的结论。然而，如果你的意思是，在世界的某个你想要建立的图像中，可以包含某种超光速的数学实体，那么或许是可能的。但是你不可能用这种数学结构实际传送超光速的信号。

这么说，你是说我们必须根本改变大多数人所持有的朴素的实在论观点，以说明这种不可分隔性？

是的，或许如此吧。但是，我们早就了解量子力学像是一个好理论，而且量子力学与实在的朴素想象是协调的。然而，在这里，我们业已证明：在这种极不寻常的情况里，量子力学工作得非常好，所以这必定使我们确信，我们必须真正地改变古旧的世界图像了。

但是，有些人当然不喜欢这种思想。例如，所谓隐变量理论的整个传统，是一种抓住朴素的实在论不放的企图。你认为你的实验彻底推翻了那些隐变量理论吗？

是的，虽然不只是这些实验（还有几个实验导致类似的结论）。然而，它们所推翻的只是以爱因斯坦的可分隔性之类的思想为基础的隐变量理论。有些隐变量理论仍有可能保留的，例如D．玻姆的隐变量理论。但要注意，这些理论不是可分隔的；它们是非定域的。我的意思是，在这些理论中（如玻姆的），存在某种超光速的相互作用，所以，这些理论不可能被我们的实验结果排除在外，我们不应该为此感到奇怪。

但是，你的实验肯定排除了定域性隐变量理论？

是的，肯定如此。当然，只要将来更复杂的实验的结果保持不变。

的确。你正计划或你知道其他小组正计划改进你们的实验吗？

不，我没有这种改进的计划，因为现在仅可能做些极小的技术改进。事实上，我们需要一个做出真正重大改进的新思想。所以，我认为对我来说，现在我的实验足够说明问题了。

你认为要是爱因斯坦还活着的话，他会从你的实验结果得出什么结论？

啊，当然，我不能回答这个问题。但是我确信他肯定会就它说些十分灵活的话的。

他通常如此，真的！

第3章
约翰·贝尔

约翰·贝尔（John Bell）是日内瓦欧洲核子研究中心（CERN）的一位理论物理学家。他在1964年提出的关键性定理，乃是阿斯派克特和其他一些人近来对量子力学概念基础做出实验检验的基础。伯克利粒子物理学家亨里·斯塔普把贝尔定理说成是“意义最深远的科学发现”。

你的著名结果，即众所周知的“贝尔不等式”，显然仅能用数学做出恰当的讨论。但是，你能用通俗的语言，简单地解释一下吗？

它是分析这样一种思想的推论的产物，即：在爱因斯坦、波多尔斯基与罗森1935年集中注意的那些条件下，不应存在超距作用。这些条件导致由量子力学所预示的某种非常奇特的关联。

所谓无超距作用，是指没有超光速的信号传递吗？

是的。严格地说，没有超光速传递的信号。不太严格地说，无超距作用只是意味着事物之间不存在隐联系。

诺贝尔奖获得者、物理学家布赖恩 · 约瑟夫森，曾经把贝尔不等式说成是物理学中最重要的新进展，你对此有何看法？

哟！我会说，这或许有点夸张。但是如果你主要关心的是物理学的哲学，那么，我就可以理解他的观点。

在不久前，已实际上有可能相当好地检验这个不等式了。最好的一个实验是由巴黎的A．阿斯派克特做出的。你对其实验结果有何看法？你认为关于物理世界的本性，这些实验结果告诉了我们什么？

依我看，首先，人们必定说，这些结果是所预料到的。因为它们与量子力学预示相一致。量子力学毕竟是一个极有成就的科学分支，很难相信它可能是错的。尽管如此，人们还是认为，我也认为值得做这种非常具体的实验。这种实验把量子力学最奇特的一个特征分离了出来。原先，我们只是信赖于旁证。量子力学从没有错过。但现在我们知道了，即使在这些非常苛刻的条件下，它也不会错的。

当然，对此不太相信的是爱因斯坦。他有一句名言“上帝肯定不跟宇宙玩骰子”，在这个实验以及你的工作之后，你会说，你已相信上帝确实跟宇宙玩骰子吗？

不，不，决不！但我也愿意对“上帝不玩骰子”这个问题做一番考证。人们常引用的爱因斯坦的这句话，是他在其早期生涯中说的。但是，与非决定论相比，爱因斯坦后来更关心量子力学其他方面的问题。实际上，阿斯派克特的具体实验，正是检验着这些其他方面，特别是关于无超距作用的问题。

你认为这个实验没有告诉我们关于决定论，或非决定论或物理世界的任何事情吗？

要说它没有告诉你什么东西，那会扯得太远了。我认为，很难说清哪一个实验会告诉你任何一个孤立的概念。被实验所检验的是一个完整的世界观。如果该实验不能证实该世界观，而要识别正是哪一部分应该受到怀疑并必须加以修正，并非是一件容易的事情。肯定地说，这个实验表明爱因斯坦的世界观是站不住脚的。

是的。我要问一问：从实验经验的观点，一个决定论宇宙的观念，是否仍可能维持下去。

你知道，理解这个问题的一种方式是说世界是超决定论的。这不仅指无生命自然界是决定论的，而且，那些设想我们能选做这个实验而不做另一实验的实验人员，也是决定论的。如果这样，由这个实验结果所产生的困难就消失了。

自由意志是一种幻觉——它使我们摆脱了危机，是吗？

是的。在分析中，自由意志被认为是名副其实的。而且，作为其结果，人们发现，实验人员在某处的干预，必然会对遥远的某处产生后果，这种影响不受有限光速的限制。如果实验人员不是自由地做这种干预，如果这种干预也是预先确定的，那么，困难就消失了。

让我们回到实验人员这个问题上来。它不可避免地会产生关于精神、选择、自由意志等问题。你真的相信精神在物理学中有着基本的作用吗？

我既不相信，也不否认。我认为：对我们来说，精神肯定是宇宙中一种非常重要的现象。把它引进现阶段物理学之中是否绝对必要，我没有把握。我认为，人们通常提到的表明必须把观察者带进量子理论之中的实验事实，并未强迫我们接受那种结论。阿斯派克特实验比其他实验更微妙。有人说，它沿着证明精神是基本的这一方向上前进了一步，我可以理解这些人的逻辑。它肯定是我们可以探索的一种假说，但我不认为它是唯一值得探索的。

在测量与观察者的作用问题上，你认为仍然存在佯谬吗？

是的。我相信肯定存在一些佯谬。测量与观察者问题，就是测量在何处开始与何处终结，观察者在何处开始与何处终结的问题。例如，考虑我的眼镜：如果我现在把它摘掉，必须把它们放在多远，它才是物体的一部分，而不是观察者的一部分？从视网膜通过视神经至脑的整个通道上，存在许许多多与之类似的问题。我认为：当你分析物理学家所采用的语言时（在这种语言中，物理学说的就是关于观察的种种结果），你就会发现，物理学由于分解而升华了，它并没有说出什么清楚的东西。

所以，这些问题并没有完全解决，至少不会使你满意？

绝对没有使我满意。阿斯派克特的实验和爱因斯坦—波多尔斯基—罗森的种种相关性，无助于解决这个问题，而是使它更为困难。因为，爱因斯坦的关于量子世界背后存在一个熟悉的经典世界的观点，所依赖的是解决这种测量问题的一种方法（现在人们已不信赖）——这是一种把观察降为物理世界中次要角色的方法。

如我所理解的，贝尔不等式以两个假设为根基。第一个我们可以称为客观实在性，即外部世界的实在性，这与我们的观察无关。第二个是定域性或不可分隔性，或没有超光速传递的信号。现在，阿斯派克特实验似乎指出：必须摈弃这两个假设中的一个，你想保持哪一个呢？

哟，你看，我实在不知道。对我来说，那不是我有什么法宝可兜售之处，而是一个进退维谷的境地。我觉得这是一个深维谷。找出一条出路不是一件平凡的事情，这要求我们对于审视事物的方法做实质性的改变。但是，我要说，最廉价的解决办法是返回到爱因斯坦之前的相对论之中去。那时，像洛伦兹和庞加莱那样的人，认为存在一种“以太”（即一种优惠的参照系），但由于我们的测量仪器受到因运动而导致的畸变，以致不可能检验出仪器在以太中的运动来。现在，按这种方式，你可以想象存在一个优惠的参照系，在这个参照系内事物比光快，但是这样一来，在别的一些参照系里，它们看来不仅比光快，而且沿逆时方向进行，这只是一种光学幻觉。

哟，那看来是一种非常革命的方法！

革命的还是反动的，由你说好了。但是，它肯定是最廉价的解答。在现象的明显洛伦兹协变性背后，存在一个更深的级，它不是洛伦兹协变的。

当然，相对论有大量实验支持。要我们能实际返回到爱因斯坦前的立场，而又不同这些实验中的某些结果相冲突，那是很难想象的。你认为那实际上可能吗？

哟，依我看，教科书中强调得不够充分的就是：洛伦兹与庞加莱，拉莫尔与斐兹杰惹等人的爱因斯坦前立场是完全首尾一贯的；而且，并非与相对性理论不一致。这种存在以太并发生斐兹杰惹之长度收缩与拉莫尔时间延迟，以及作为其结果，仪器检验不出它相对以太的运动等观念是完全首尾一致的观点。

它的被抛弃，是以雅致性为理由吧？

嗯，以哲学为理由，即所谓不可观察的东西是不存在的；也即以简明性为理由，因为爱因斯坦发现，当我们排除掉以太概念之后，理论既更雅致又更简明。我认为应该把以太概念作为一种教学手段教给学生，因为我发现有许多问题，通过设想存在以太，可以更容易地获得解决。但是，那是另一个问题了。这里，我想回到以太概念，因为在这些EPR实验中有这种启示，即景象背后有某种东西比光进行得更快。如果所有的洛伦兹参照系都是等价的，这也就意味着事物在时间上可以反演。

是的，这是一个大问题。

它带来了许多问题，如因果性佯谬等。所以，正是为了避免那些问题，我想说：存在一个实际的因果序列，它是在以太中定义的。如洛伦兹和庞加莱所遇到的一样，神秘性在于：这种以太在观察水平上不会显示出来。好像存在某种密谋：在幕后发生的事情，不允许在前台出现。这是令人极不舒服的，我同意这一评价。

我确信，爱因斯坦在九泉之下也会不安的。

绝对如此！而且那是非常具有讽刺意味的，因为给量子理论的这种解释（这种解释是符合爱因斯坦的反量子力学常规观点的精神的）造成重重困难的，正是他自己的相对论。

这么说来，概括地讲，你宁愿保持客观实在性观念，而抛弃相对论中的一条原则，即：信号不可能超光速的那一条，对吗？

是的，人们希望能够采用世界的实在论观点，是为了谈论世界，好像它真实地存在那儿一样，即使它没有被观察时也存在。我确信，在我之前世界就在这里，在我死后，它仍在这里，而且我相信你也是它的一部分！我相信，大多数物理学家在被哲学家推进一个角落时，都持这种观点。

但是，我一直认为，物理学家的实践只是创造出种种模型，用来描述我们对世界所能做的种种观察，并把这些观察联系在一起。模型的优劣，取决于它们的成功程度。我认为：我们的理论多少对于“真实地存在着的”世界，这种实在是“正确的’或“错误的”或“近似的”理论，等等观念，不是非常有益的。你对此有何看法？

这个问题嘛，我倒是发现这样的观念是有益的。这个观念就是：实在的世界在那里；我们的事业就是企图发现它，做这种事的技术确实是做出模型，并看看运用这些模型能说明这个实在的世界至何种程度。

你相信可能有一个极终的理论，它是关于宇宙的“正确理论”，可以准确地描述每一件事物吗？

不知道。但是，我相信将来有些理论比我们现有的更好，好就好在它们描述了宇宙的更多方面，并把宇宙的更多方面关联在一起。

所以，你相信量子理论的现存形式，虽然在过去的50年内有如此巨大的成就，仍然是一种尝试性的，在将来的某一阶段是会被更好的理论替代的，对吗？

我完全确信：量子理论仅是一个暂时的权宜之计。

有什么证据表明，在说明我们应该说明的每一件事物中，量子理论以何种方式说来是不成功的呢？

嗯，它没有真正地说明事物，实际上量子力学的奠基人在放弃说明的想法上是相当自傲的。他们以仅处理现象而自豪：他们拒绝考察现象背后，把这视为是人们为了与自然达成协议所不得不付出的代价。历史的事实是：对微观物理级上的实在世界持不可知态度的人们是非常成功的。当时那样做是一件好事，但我不相信将来还会如此。当然，我不能提供证明这种效应的定理。如果你追溯到，比方说大卫·休谟那里（他对人们信仰事物的推理做过仔细的分析），你就会发现：没有好的理由使你相信太阳会明天升起，或使你相信这个节目将会永远广播。我们有一种习惯，即相信事物会如同它们过去频繁出现那样继续重复下去。虽然，这似乎是一个好习惯，却成了一个事实！我不能把它变成一条定理，因为我认为休谟的分析是有道理的。但我仍然相信寻找说明是一种好习惯。

所以，如果我们提前设想50年以后的情况，那时，或许有一个替代量子力学的理论。考虑到我们所谈论的说明问题中不断地出现忧虑，你能预见这种替代吗？或许，你是否认为存在某种探索微—微观世界的实验（例如，在CERN能够做的某些实验，诸如甚高能粒子碰撞实验），也许可以揭露出一个量子力学将会在其中失效的领域？

嗯，现在你要我去猜想，对我来说，那似乎是可能的，即关于量子力学的意义的持续忧虑，会导致愈来愈复杂的实验，这些实验最终将发现某种有伤感情的难点。在那里，量子力学实际上是错误的。

所以，阿斯派克特实验不是检验这些思想所能做的最终实验。

我认为不是，它是一个非常重要的实验，或许它标示出人们应停下来并思考一下的点，但我肯定希望它不是终点。我认为对于量子力学意义的探究必须继续下去，事实上，不管我们是否同意，这种探究都会继续下去，因为许多人已为这种将会继续下去的状况深深迷住，不得安宁了。

我们能够设想出别的类型实验去做进一步的检验吗？

人们能够指出现存实验（包括阿斯派克特实验）中的各种缺陷。严格地说，这些实验并不展示种种不顺心的相关性。你可发现：所使用的计数器效率太低，几何学是低效率的，理想装置尚未实现，以及需要从实际能做的实验做巨大的外推才能得到结果。

所以，你能够想象出对于现存基本装置做种种精细化的改进，它们将会更有说服力。

你可以想象，但我不想去怂恿实验人员仅仅继续进行那种使计数器更为有效之类的令人难以忍受的工作。因为我本人倾向于相信计算器的效率是不重要的东西。

你对于企图用超导和低温去揭露宏观标度上的某些怪诞量子效应是如何看待的？

依我看，它们是没有前途的。我想到，有一个有趣的安索尼·勒吉特分析，其结论是：在超导中所见到的各种宏观事物与使世界的实在论观点烦恼的那一类宏观事物颇无关联——实际上，它们是不相关的。人们倾向于说："啊！超导表明宏观量子力学"，就我们在EPR关联性中所关心的意义上讲，并非如此。

你想象不出可以暴露量子力学中这些缺陷的一种更复杂的安排吗？

我不能，但愿那仅仅是因为我的局限性。我认为，对于我们问题的解答很可能从后门进来；某个他本人不谈论我们所关心的这些困难的人，可能会看见曙光。我喜欢的一个类比是，门开着的时候却对着窗户嗡嗡叫的苍蝇。从你的问题后撤，并且做一番斟酌，那是极有益的。我们这些对于这些问题多少有点固执的人，很可能不是那些看清通道的人。

这就是科学发现中极常见的方法，是吗？

绝对如此。当然，这是一种纯研究性争论，这种争论常常是漫无目标的。

我希望政治家们正听着！你把量子力学的困难视为纯哲学的还

是解释性的，或许你认为存在某些实际的实验问题吧？

我认为有职业性问题。就是说，我是一位职业理论物理学家，我想要做出一个明晰的理论。当我查看量子力学时，我见到它是一个脏的理论。你在书本中发现的量子力学表述形式涉及把世界分割成一个观察者和一个被观察者，却没有告知你在什么地方分界——例如，这个界线在我的眼镜的哪一边，或者，在我的视神经的哪一端分界。没有告诉你关于观察者和被观察者之间的这种分界。在学生课程中你所学的东西是：为了实用的目的，在哪里分界是无关紧要的；在精度上，这种意义不明远远超出了人类的检验能力。所以，你有一个基本意义不明确的理论。但是，这种暧昧性所涉及的小数点的位置，位于远离人类检验能力所及之外。

当然，尤金 · 魏格纳已经提出，他能在观察者与被观察者之间插入一个非常明确的分界线，因为他祈求精神作为多少与世界相耦合的完全分开的实体。而且他说，这就是进入解决我们所讨论的种种佯谬的观察者的精神的大门，所以，他在引进非物质性精神的概念，让其在物理世界中占据突出地位。对这种观点你有同感吗？

嗯，它是一种值得探究的思想。但是，依我看，人们低估了它所具有的困难。这只需指出：谁也没有发展出一个超出言谈水平的理论来。一旦你试图把这种理论置于数学方程中，一旦你试图使它们成为洛伦兹协变式，你就陷入了极大的困难之中。例如，精神与世界的其余部分之间的相互作用怎样出现？这种相互作用在某一时刻出现在有限空间范围内吗？显然不，因为那不是洛伦兹协变概念。

你所指称的“洛伦兹协变式”是指，对于依赖于其运动状况的一切观察者来说，这理论不会有首尾一贯的描述吗？

对！如果你假设精神在时间上接近于单个点，那么，要得到这种协调一致的描述的唯一方法，就是还要假设它在空间上接近唯一的一个点。

这是一个总与精神相联系的很大的困难：一方面，它不可能定域在空间任何地方；另一方面，人们还要推测它在时间上是定域的。

对极了！魏格纳仍然要求把精神或多或少地耦合进物理方程。迄今为止就是没有做成，现在那只是空谈罢了。

当然，量子表述形式有许许多多其他解释，对于这些解释又有很多争论，其中一个是多宇宙解释。对于它，你有何强烈的感触？赞成还是反对？

是的。我强烈地反对它。但我不得不采取缓和些的说法，因为多宇宙解释在这种具体的EPR情形中具有某种优越性，它不借助于超光速信号就能处理遥远处事件何以能即时地发生。就某种意义而言，如果每件事均发生，如果一切选择（在所有平行宇宙中某处）均实现，如果直到最后，在实现的一切可能结果之间没有做出选择（这是一种多宇宙假说方案中所暗含的），那么，我们就绕过了困难。

但是，它确实像一个极端古怪地绕过困难的方法。

它是极端古怪。对我来说，这足以使我厌恶它了。所有那些我们不可能看见的别的宇宙的概念，是难以叫人接受的。但是，也还有一些与其相关的技术问题。当人们研究多宇宙解释时，常常粉饰、甚至没有意识到这些问题。多宇宙解释假设分叉出现的实际点就在做出测量的点。但是，做出测量的点是完全模糊的。例如，在欧洲核子研究中心，成年累月地做实验，何日何秒做出测量并出现分叉是完全模糊的。所以，我认为，多宇宙解释是一种启发式简化理论。人们对它做了许多表面功夫，并没真正把它想透。当你试图想透它时，它就不相干了。

嗯，这是非常有趣而坦率的看法。我们在这里一直谈论着物理学中某些相当奇怪的领域；你是怎样对量子理论的基础开始发生兴趣的？特别是，你怎样发现你的不等式的？

当我是一个大学生的时候，就自觉意识到这样一些问题：量子力学的明显主体性，以及这种似乎迫使你把观察者带进来，但是实际上却没有的谈话方式。从很早期阶段，我就非常相信：肯定可以以某种更专业化的方式表述物理学。由于我看到比我更精明的人在这个问题上进展甚微，所以，若干年来我实际上回避了这些问题，而从事别的一些更具体的工作。但是到了1963年，当我在日内瓦忙于其他事情的时候，在大学里遇到了约克教授，当时他正全神贯注于这些问题。与他的讨论使我决心做点事。我特别想要做的事情之一是，看一看对很久以前德布罗意和玻姆提出的“对所有量子现象可以给出完全实在论的说明”的想法是否存在任何实际的反驳。德布罗意在1927年就提出了他的理论，当时，以我现在看来是丢脸的一种方式，被物理学界一笑置之，因为他的论据没有被驳倒，只是被简单地践踏了。1952年玻姆复苏了那个理论，但极不受重视。我认为：玻姆和德布罗意的理论就实验的目的而言，在所有方面都与量子力学等价，但它却是实在论和非模棱两可的。但是，它确实具有超距作用的明显特征。在该理论的方程中，你可以看到，当某一事物在某一点发生时，就立刻对整个空间产生不受光速限制的种种结果来。

在那样的早期阶段，因为不可避免地带来种种佯谬，你就为此而烦恼吗？

德布罗意一玻姆理论是仅为非相对论量子力学而发展的。效应的这种即时传播，使得你试图将其推广到相对论情形中去所遇到的困难明朗化了。

你很快得到了你的结果吗？那是一个非常有功效的包罗万象的结果，证明又是极其雅致的。或者，你的结果是这样的，先用它做出些试探性的步骤，再看一看通向答案的道路，然后反过来做出修饰性表述。

这有点像问我做一次测量要花多少时间的问题！做一次发现要

多长时间？或许那个方程进入我的头脑并把它写在纸上，大约是在一个周末内所发生的事，但在以前的几周里，我围绕着这些方程一直在紧张地思索着，而且，在以前的岁月里，它持续地在我的脑海内。所以，实际上不能说产生这个结果花了多少时间。

第 4 章
约翰·惠勒

约翰·惠勒（John Wheeler）原是普林斯顿大学的约瑟夫·亨利讲座教授，现在是奥斯汀的得克萨斯州大学理论物理中心的主任。他的研究涉及核物理（曾与尼尔斯·玻尔合作）、引力、同位素物理、宇宙学以及量子物理各个研究领域。近年来，对于观察者在量子力学中的核心作用，他提出了许多挑衅性而透彻的论据。

你怎样评价玻尔在把量子理论同我们的关于世界的普通观念协调起来的工作中所做出的贡献？

尼尔斯·玻尔是试图了解量子理论含义的导师。由于他的帮助，海森伯才发现了不确定性原理。就是他，在1927年底提出了互补性思想，即对于实验情况一个方面（如一个电子的位置）的研究，自动地排除对实验情况另一方面（如电子的动量或速度）考查的可能性。

但是，虽然玻尔的互补性思想澄清了很多对量子理论概念基础上的争论，但许多人在掌握其充分意义上一直有着困难。事实上，在他的意外逝世之前几个小时，玻尔会见记者的最后录音带里，他还提到了一些哲学家，并对他们提出了批评。他说："……他们不具有学习事物所至关重要的、为学习有重大意义事物所必须随时准备好的本领……他们不知道它（指量子理论的互补性描述）是一种客观描述，而且是唯一可能的客观描述。"这段话表达了他关于量子理论思想的核心。

但是，爱因斯坦肯定也想要有一个量子理论的客观观点，对吗？

嗯，我认为玻尔的"客观"一词指的是这样一种意思，即：与正在你面前的东西打交道时经验到的感觉，以及你正在做的测量；而不是爱因斯坦的关于在"外部"存在着的与观察者无关的宇宙。

我明白了。或许玻尔所指称的"客观的"意指合理性的。按照他的观点，量子理论的互补性描述是唯一合理性选择，是吗？

是的，我认为是这样的。

你对玻尔观点的反思是什么？

我想说，他的观点是人们可以称得上经过战斗考验的观点。玻尔与每一个有见解的人争辩和讨论过，因此最后我会说：关于量子理论的本性以及意义，没有一个人比玻尔有更好的图像了。

但是，当埃弗雷特提出他的关于量子理论的多宇宙解释时，你立刻就改变了思想，那是为什么？

是的，埃弗雷特的量子理论解释的思想是，把原先常用于一个电子、一个原子或一个晶体的的所谓概率幅的波函数，换成了整个宇宙的概率幅波函数，因为这种波函数包含观察者自身，这就有了有趣的结果，即它没有为改变波函数的所谓测量作用留下地位。例如，埃弗雷特的解释意味着，当一个电子有等量的机会向左或向右运动时，波函数就分裂成宇宙的两个分支，其中一支指示电子向左，而且观察者还看见它向左去；而另一支则表明电子向右，且观察者看见它向右去。

是什么将你吸引到这个引人瞩目的思想上来的？

开始时，我支持这种思想，是因为它似乎代表量子理论表述形式的逻辑继续。今天我已经改变我对于它的观点，因为它带来的形而上学累赘太多了。我的意思是指：每一次当你看到这事或那事在发生时，你必须设想许许多多别的宇宙，在其中将会看到别的事在发生。这使科学堕入某种神秘主义。但是，我还有一个更深的反驳，埃弗雷特解释将现有形式的量子理论当作货币看待。每件事情都必须用它来说明或理解，而让观察者的作用成为一种次级现象。以我看来，需要找出一种不同的观点，按照这种观点，原始概念是从观察中获得意义的，再从原始概念导出量子理论的表述形式来。

所以，你认为多宇宙方法仍然可以有用？

是的，我认为人们应该在轨道的两边工作。

但是，在此期间你是与玻尔站在一边的。

是的，就知识的真实基本基础而言，我不能相信：大自然像是被一个瑞士钟表匠兵团“组装好了”所有的机制、方程或数学表述形式，它把时间上分离的物理事件关联起来；我宁愿相信这些事件以杂乱无章的形式交织在一起，而那些似乎是精确的方程全部出自于大数的物理学，并以统计方式表现出来（具体地说，量子理论似乎就是这样工作的）。

但是，你认为量子理论可能只是一种近似理论，可能还有更好的理论吗？

首先，让我说：在日常经验范围内，量子理论是不可动摇、经得起挑战与不可击败的——它是经过战斗考验的。在这种意义上，它像告诉我们热从热物体流向冷物体的热力学第二定律一样。这条定律也是经过战斗考验的——不可动摇、经得起挑战与战无不胜的。我们还知道，热力学第二定律并不用于在时间之初写下的任何方程，不进入任何“组装”的机制之中——不与任何瑞士钟表匠兵团发生关系——而是归结为大量事件的组合。

就是在这种意义上，我感到将来有一天量子理论也会显示出依赖于极大数目的数学。甚至爱因斯坦（他在很多方面反对量子理论）也表示过，量子理论将会变成像热力学那样的观点。

你和玻尔两人都把量子测量看成经过某种不可逆的放大过程，从原子激活性向知识或者意义的跃迁。我们能不断希望找到一种这跃迁怎样准确发生的描述吗？

要找出从测量到构造知识的正确描述，依我看，是一件困难但极端重要的事业。我认为这过程应分为两步。

第一步是玻尔如此强烈强调的基本量子现象。我试图把他的观点做如下表述：“任何一种基本量子现象只有在其被一检测器放大的不可逆作用（如盖革计数器的一响，或照相底片颗粒变黑）终止之后才是一种现象。”如玻尔所说，这就是一个人对另一个人能够以清楚的语言表述的某种东西。它把我们带到这个问题的第二个方面，那就是把对量子现象的观察付诸使用。α 粒子在锌硫化物屏上的一击，会产生人眼可见的闪光。然而，如果这种闪光发生在月亮表面上，周围没有人使用它，所以，它在知识的构造中是没有用的。整个问题的最神秘部分仍是：当我们把某种东西付诸使用是何时发生的？

尽管哲学或许太重要了，以致不能将哲学只让给哲学家们，但我猜想，到头来，我们将不得不依赖于哲学界的朋友们的工作！在过去几十年中，意义的构造——意义是什么——一直是哲学家们研究的中心课题。在这些研究中，没有哪一个比挪威哲学家弗勒斯达尔（多纳尔德·戴维逊教授的学生，现在斯坦福大学工作）的说法，更能概括我的核心观点了。他说，意义是对通话者有效的所有证据的联合产物。

通话是个实质性思想。如果我看见某种东西，但我没有确认它是梦还是真实，几乎没有比核对是否有别的人觉察到它并证实我的观察能做出更好的检验了。这（指通话）在区别真实与梦之间是实质性的。但是，我们怎样把这变成经验的东西，则完全是另一种问题了。

我认为，在这个问题上，我们可以学习伟大的遗传学家和统计学家R. A. 菲谢的论著。这要追溯到1922年，那是不确定性原理以及关于量子理论的现代观点问世前5年，那时的知识背景是跟量子理论完全不同的。当时他正在研究人种构成——灰眼睛人口的概率、蓝眼睛人口的概率和棕色眼睛人口的概率。菲谢放弃了把概率作为区分人种的方法，代之采用概率的平方根，或我们称之为概率幅的东西。换句话说，他发现了概率幅测量着可分辨性。

同样，物理学家威廉·伍特斯认识到，在量子理论中存在概率幅和在所谓希尔伯特空间（一种概率幅图）中两点间的夹角表明了两种原子分布之差别。这样，概率幅就为原子分布的可分辨性提供了一种量度。可分辨性肯定是建立我们称之为知识或意义的那种东西的核心。

你说过观察是两步过程，请把这个问题说清楚些。你能指明观察者是什么意思吗？例如，照相机算作一个观察者吗？

这里，我们再一次来到两者之间的本质区分上：一方面是基本量子现象（例如底片上感光乳胶颗粒变黑）；另一方面是把那种观察（即基本量子现象）付诸使用。如果拍摄之后，甚至我看见了图像之后，照相机毁坏了，然后陨星相继地毁灭了我、图片和照相机，那么，由图像建立意义的任务一点也没有实现，虽然，基本量子现象本身肯定地实际上发生过一次。

不可逆放大过程的准确意思是什么？这个过程必须有你说的两个阶段（即基本量子现象及意义的建立）吗？

我说照相机中照相乳胶颗粒变黑是不可逆的放大作用。做出撞击的毕竟是单个光子，而颗粒则包含大量原子，所以放大因子是很大的。它肯定是不可逆的，因为颗粒不会由黑返回去变白！

很好。但是如果我们返回到测量过程的第二阶段（即知识的建立），我不禁感到这颇像是量子理论的魏格纳解释：从量子现象到知识或意义的跃迁依赖于有意识的观察者的存在，对吗？

魏格纳说，除非进入观察者的意识，基本的量子现象并非实在发生的。我宁可说，现象可以发生过，但没有派上用场。只有一个观察者把它派上用场是不够的，你还需要一个社团。

虽然如此，你仍然把有意识的观察者的存在作为第二阶段的关键。

对的，虽然在这里，“有意识的”一词有点微妙，因为人们可以想到动物的脑是如此原始，以致它们不可能像你和我那样完全地清醒。当某种闪光——某种基本量子现象——出现时，动物能以某种方式对它做出响应，这时，意义就产生了，那怕只涉及极低水平的意识。所以我不喜欢强调意识，即使在这个问题中它是一个重要的元素。

按照弗勒斯达尔的说法，意义是对于通话的人们可用的所有证据的联合产物，所以重要的是通话的概念。由于动物要通话，所以建立意义并不要求使用英语！

所以，这里有一个分界线，它是跟区分生物和非生物密不可分的，

是吗？

是的，这条分界线划在何处，是最大的难题。

确实如此。回到一个有关的主题上来。我们听说过EPR实验中固有的表观佯谬，量子理论佯谬本性的另一个表现似乎是在所谓延迟选择实验中提出的，你对这个实验做何解释？

其核心思想可以在分束实验中更简明地看出。光由光源发出并射到半镀银镜上，一半透过，一半被反射。这两束光被再次带到一起，并使其成直角相互交叉而无相互作用。沿着路线继续下去。有两台计数器：一台记录沿所谓高路运行的光子“咔嚓”声。另一台记录沿低路运行的光子“咔嚓”声。所以，我们似乎把光分成十分清楚地沿一路或另一路。在任何给定时刻，何台计数器“咔嚓”作响，完全是无规的。但是，我们可以在两束光交叉的地方放置第二块半镀银镜，把两束光带回重合以产生干涉效应。这第二块半镀银镜能这样放置，以至我们能使100%的入射光达到某个计数器（互助干涉），无光到达另一计数器（互毁干涉）。这些干涉效应仅可用光同时沿两条路运行而加以说明（见图4及相关的讨论）。

爱因斯坦针对这种量子分裂实验提出过异议，他说，你怎么能说光子沿装置的两条路线运行呢？在没有第二块半镀银镜的情况中，确实可以说（以蹩脚的语言）光子或沿上方路径或沿下方路径运行。然而，在插有第二块半镀银镜的实验中，人们竟然还可以说（以同样蹩脚的语言）光量子已经沿着两条路径运行了！关于这一点的说明，我不知道有什么比查理斯·阿丹姆斯关于滑雪员的著名比喻更恰当了。这个滑雪员穿着一双雪橇向一颗树滑来，他滑过树之后才被人看见，树的左边一条滑道，树的右边是另一条滑道，但你并没有看见滑雪员怎样完成这个奇迹般的动作的！

当然，玻尔的回答是，当光同时走两条路线时，你是在跟光的波动性打交道。这就是说，当第二块半镀银镜放入时，我们使用波动图像；去掉第二块半镀银镜时，我们使用粒子图像。这是互补性原理的一个例子。这里没有矛盾，因为自然是这样建立的，以致我们能研究自然的一个侧面，或另一个侧面，而不可能同时研究两个侧面。

但是，关于这个实验经延迟选择改造后具有这样的新特征：我们可以一直等到光或光子（将去激发计数器）几乎全部完成它的行程时，才实际选择光子同时走两条路线还是仅走其中一条路线。我们能够等到最后时刻（实际上为1秒的1小部分）才决定是否放进半镀银镜，因此，看来好象是由于最后瞬刻的决定，我们自己对于已经完成了其大部分工作光子的未来行为做出了影响！这似乎是违背正常的因果性原理的。

然而，实际上，我们没有矛盾。正如玻尔所说，我们没有权利谈论光子从入射点（离开半镀银镜）至记录点的整个运行期间在干什么。归根到底，任何一种基本量子现象只在其被记录之后才是一种现象。我们所想象的东西如此之确定，事实上就像一条巨大的火龙。龙的尾巴是尖而清晰的（那是光子在第一块半镀银镜进入设备的地方）；火龙的嘴也是十分清晰的（那是光子到达这个或那个计数器的地方）。

但是，在这两处之间，我们没有权利谈论什么。

玻尔的量子现象对于我们理解存在有何相干呢？

如果我们不断去找寻自然的一个要素以说明空间和时间，我们确实必须找到比空间和时间更深的某种东西——它本身不存在于空间和时间之中。基本量子现象（巨大的火龙）的奇异特征，恰恰就在于此。它确实是某种带纯知识与理论特征的东西，一种在入射点和记录点之间没有空间定位的一项最小信息，这就是延迟选择实验的意义。

此实验实际上能实施吗？

我高兴地说，在马里兰德大学里的卡罗尔·阿勒及其同事们正在做这种实验。玻尔本人以一句话谈及这个事实：我们是在光子起程之前还是在它已经上路时做出决定，这在量子实验里是无区别的。然而，实际上，实实在在地看清这一点有助于证明什么是基本的量子现象。马里兰德实验的初步结果，已经报告过，它表明，玻尔的预言真正实现了。

我想起你曾提过这个实验的一个假设性宇宙学方案，你能告诉我们这个方案吗？

行。我们刚才谈论的实验是实验室规模的。然而，如果我们使用像类星体那样的光源，原则上没有什么可妨碍我们有50亿光年的实验范围。幸运地，有一颗类星体偶然地以这样一种方式位于空间之中：它的光以两条不同的路线射向我们，这两条路线处在一个中间星系的不同侧边，而此星系碰巧就在天空中我们观察该类星体的同一视线上。这中间星系的引力场使两光束弯曲，以致它们收敛于在这个地球上的一个观察者眼睛上。这个所谓引力透镜效应，原则上为我们提供了在宇宙学水平上做延迟实验的一种手段，尽管在技术上做出这一实验超出了我们的能力。

到达我们的光子是在50亿年以前——即地球上有人之前——出发的，到达地球在这里等待，今天我们能掷骰子并在最后瞬刻决定是观察一个干涉光子（如我们开玩笑描述的，那是沿两条路来的光子），还是改变记录方法，以便发现光子是由哪条路来的。然而，在我们做出这一决定的时刻，光子已经完成它的部分旅程。所以，这是一个彻头彻尾的延迟选择。

但是，让我插入一个说明。我们所不得不采用的那些词都是错误的。说光子由一条路径或另一条路径，或两条路径通过，是说错了。虽然它们图像逼真，但这种说法仅是启示性的，基本量子现象（巨大的火龙）仅被我们望远镜里计数器中不可逆的放大作用所完成。那火龙的心在遥远的类星体，就它构成我们称之为实在的一部分而言，我们必须承认，我们自己对于形成我们总是称之为过去的事情中是一个不可忽视的部分。过去不是实在的过去，除非它已被记录下来。换句话说，除非它存在于现在的一个记录之中，过去是没有意义的或不存在的。

那意味着，作为有意识的观察者的我们，对于宇宙的具体实在性

负有责任，对吗？

这或许是不太严格的说法。我宁愿转向意义是通话的人们之间所交换的全部信息的联合产物这个概念上来，这种信息又回到一群基本量子现象之中。当然，大多数基本量子现象单个地说来是能标太低以至不能被觉察到。但我们知道，许多次是或非的机会加起来就构成多少的定义。我们知道一只手对另一只手的压力归结为一只手的原子对另一只手原子的撞击力。在最后分解中，每一原子的撞击相似于一种是或非过程。所以，量子和关于意义的知识之间的路途是漫长的，胡贝尔和韦塞尔关于脑视觉系统的工作足以证明这一点。

如果我们了解人类甚至动物脑的工作，那会有助于解决量子理论和意义之间关系的问题吗？

脑的性质肯定是复杂的和具有挑战性的主题，而且极为重要。但是，我不相信，在那里会找到实现描述物理世界的物理要素。意义嘛，是的，意义可能依赖于我们揭开脑的细节机制。

但是，如果我们意识到脑也许不如我们习惯认为的那样特别，那是有趣的。关于眼的演变的研究表明；与人眼相比，在别的物种中眼已独立演变了40倍以上的历史。就眼是思维的窗口而言，我们可以相信思维的演变也不是像我们可以想到的那样特别。

你能预见任何更进一步的实验以检验量子理论的基础吗？

我太愚蠢，看不到任何直接的实验或检验。我宁可希望我们能够找到从中导出量子理论的更深的概念基础来，这个基础一方面基于可分辨性，另一方面基于互补性。互补性限制我们发问的自由，而分辨性则澄清回答这些问题的结果。但是，具体说出这类推导的细节仍然超出我们的能力，所以，我认为进展的最大希望在概念方面（即推导方面），而不是实验方面。

第 5 章
鲁多尔夫·佩尔斯

鲁多尔夫·佩尔斯（Rudolf Peierls）于1974年退休前是牛津大学外克汉姆讲座物理教授。他在量子力学方面的兴趣，要追溯到他早期在索末菲尔德、海森伯、泡里指导下所从事的研究工作以及他对哥本哈根玻尔研究所的频繁访问。因此，半个世纪以来，他一直熟悉哥本哈根解释，并仍然认为它是令人满意的。

当初你是怎样对量子力学的概念基础发生兴趣的？

量子力学创立时，我是一名大学毕业生。当然那是一个令人兴奋的时代：我们不仅力图去了解怎样使用量子力学（显然，这是我们大家想要做的），我们还必须了解它的意义。

你受过爱因斯坦－玻尔之争的影响吗？现在我们把这一争论作为一个伟大的历史事件来研究，这中间有某些东西影响过你吗？

没有。因为我只是在后来才知道，而不是在他们发生争论的时候就知道的。不过，我当然确信在那场争论中，玻尔是对的，爱因斯坦则错了。

嗯，关于这一点我想问一问你。因为就教科书而言，它使我相信玻尔的哥本哈根解释肯定是正统观点。可是奇怪的是，今天似乎很难找到打算为玻尔观点粉饰的人。你认为哥本哈根解释仍然是正统观点吗？

嗯，我首先反对用哥本哈根解释这个词。

为什么？

因为，这听起来好像量子力学有几种解释。其实只存在一种解释，只有一种你能够理解量子力学的方法。有许多人不喜欢这个方法，试图去找别的什么东西，但没有谁找到了任何别的却又首尾一贯的东西。所以，当谈及力学的哥本哈根解释时，实际上就是指量子力学。因此，大多数物理学家并不使用此术语，它多为哲学家所使用。

所以，依你看，玻尔解释是目前我们实际所能认真看待的唯一解释，尽管有种种努力试图寻找其他可能性。或许你能告诉我们，你所理解的哥本哈根解释是什么？恕我冒昧仍这样称呼它。

首先，我应该说，要习惯于它是有一点困难的。因为它在许多方面似乎跟我们的直觉相矛盾。例如，直觉告诉我们，如果有一个电子或某种其他粒子，总会在某处找到它具有某一特定速度。然而量子力学告诉你，必须谨慎地应用这些概念（位置和速度），因为在一个实验情态范围内，它们可能不一定有意义。当然我们的直觉是从这些量子效应（即这些复杂性）在日常生活中并不重要的经验中发展起来的。这些经验处于非原子的尺度上。在日常生活中，有时碰到这样的情况：似乎直观上明显的概念也丧失其意义。最简单的是“上”和“下”的概念。乍看起来，这个概念有明显的直观意义，但当问你澳大利亚在我们的下面还是上面时，[1]你就哑口无言了，那时，你就认识到刚才的问题是没有答案的。

现在，量子力学时刻碰到类似的情况。因此，我们应该意识到，必须仅祈求于那些具有意义的概念，所谓有意义是指它们能与某种实际的或至少可能的实验相关联。这使许多想要看到实在的人烦恼。比方说，他们要说：“嗯，或许我不能观察到电子在何处，但实际上它应该在某个地方。”在这里“实际”一词是一个没有明确定义的概念。依我看，关于量子理论的一切担忧都归因于人们使用着未定义的术语。当然，日常生活中的“实在”是十分明确的；我们座位旁的这张桌子是实在的，因为我能看见它，我能触摸它，如果我敲打它，我会感到痛；但显然，当你谈到一个电子的实在性时，你的意思就不是这样的了。

请让我插一句话，请问：你是否相信，如果我们或许因为在另一间房内，没有看见这张桌子，它是否仍然真实地在这里呢？

啊，存在呀！因为桌子的存在有多种途径被感知。在经典物理学

1.对话的人在英国，英国与澳大利亚正好处于地球的对拱面。——译者注

的日常生活尺度上，一次观察不会明显地干预被观察的物体，所以，你能轻松地谈论所有这些概念而不会遇到麻烦。但在量子力学中就不同了，因为任何观察过程都必定涉及对于你所观察的对象的一种干涉。因此，在谈论该对象正在干什么时，我们必须特别指出我们观察什么，或者说，我们可自由地观察什么。

如我所理解的，玻尔对这个问题是这样表述的：如果我们谈论实在，它总是在具体实验安排范围之内；你必须精确地先说明你打算测什么，以及怎样进行测量，然后才能说到什么东西在进行着。

对啦。

这么说来，我们不能把一个电子看作是缩小尺度的台球，就是说，我们不能说它具有位置或处于运动，除非实际上测量过它的位置或运动，对吗？不做一次测量，我们就不能说它具有这两个量中的任何一个，是吗？

是的，我完全同意这种说法。

当然，这使外部世界显得相当鬼魂化，因为它似乎在外部世界展示出确定的属性之前就要求存在观察者。许多人做出这样的结论：因此精神必定在物理学中起某种基本作用，因为仅当我们谈论观察时，才能实际地谈论实在。你认为精神在物理学中起着这样的作用吗？或者，我们能否用某种非动物装置替代观察者呢？

不行，我们不能。你提的是一个非常有趣的问题。在量子力学中，我们总是用称之为波函数或系统态函数来讨论问题的。它是一个数学对象，表征着我们对于系统的认识（例如，关于一个电子的知识）。现在，当我们做出一次观察时，我们必须用计及对于系统新认识的新波函数描述去替代原先的那个波函数描述，这有时称作“波包的坍缩”。关于波包坍缩所涉及的问题，一直存在着许多揣测。

“波包的坍缩”是指当做出一次观察时，波函数所发生的突变吗？

对。现在让我们设想实行一个实验（即一次观察）的方式。假设有一个装置，由表头指针的位置告诉你一个放射性原子是否衰变了。你可以用常规物理学描述这个装置，但是，在你看装置之前，有两个可能性对应于两种可能结果，量子力学将给出指针在一个位置或另一个位置的概率。然后，你说，对了，应该看一看表头，所以用光照亮指针，但还是仅知道光从一个方向或另一个方向被反射的概率，所以实验继续进行下去，直到这样一个时刻，即当你最后意识到实验已经给出了一个结果。这时，你可以抛弃一个可能性，而只保留另一个可能性。

所以，你认为意识在实在的本性中起着关键作用？

我不知道什么是实在。

嗯，让我以这种方式陈述吧：设想不用人做实验，而使用高级计算系统或像照相机那样更质朴的某种东西。照相机在其底片上记录指

针位置的动作，能够看成是把该放射性原子置于一种具体条件之中的波函数坍缩吗？

不，不行。理由是：你当然可以用物理定律来描述照相机或计算机的动作，然而，你会发现，照相机何时曝光或者计算机何时输入信息，仍有两种可能性。所以，不存在波包的坍缩。

这样一来，微观世界的幽灵放大并变成照相机或计算机的幽灵了，是吗？

嗯，我不会称它为幽灵。

称它为优柔寡断？

是的，这与知识有关。你知道，量子力学是用知识描述的，而知识要求某个懂得知识的人。

但是，一台计算机能懂吗？

我说，它不懂。

所以，这似乎启示：人类有一种称为精神的属性，它把我们同环境中其他东西区分开来，它对于使基本物理学有意义是绝对关键的，对吗？

我认为是这样。事实上，它有一个有趣的推论，因为有人说："好吧，假设你把观察者包含在量子力学的或波函数的描述之中，你就可以写下描述观察者脑内每个细胞中每个电子运动的方程。"你实际上不可能做到这一点，但原则上这些方程应该存在。在建立了波函数之后，问题便会是：这究竟表示谁的知识呢？对此，没有简易的答案。

没有，我确信没有！

我认为，摆脱困境的方法就在于：你在推理中所假定的逻辑前提，即能用物理学来描述人（或任何其他生物）的全部功能（包括他的知识及其意识）是站不住脚的。一定还有某些东西漏掉了。

就算这样吧，你所说的观点肯定有这样一个棘手的问题，即：在人类以前以及假设有任何一种观察者之前，显然存在一段时间。就某种意义而言，在周围有任何一种驱除着量子理论的幽灵世界的人类之前，宇宙被认为是不实在的或不确定的，我们可以这样看吗？

不能，因为我们现在有一些有关世界起源的信息，从宇宙中我们的周围可以看到以前发生过的事物的许多印迹，我们虽不能清楚地理解这一切，但这种信息在那里。因此，我们可以利用可得到的信息建立起对于宇宙的一种描述。

这是一种非常有趣的思想，你在说：就某种意义而言，我们作为观察者此时此地存在，在大爆炸之后的150亿年，对那次大爆炸的实在性竟承担责任，因为我们正在向后考查并看到它的痕迹。

我再一次反对你所说的实在性。我不知道那是什么。关键点是我没说我们关于宇宙的思考创造着如此的宇宙；我只说，这种思考创造了一种描述。如果物理学由关于我们之所见、或可能见以及将会见的一种描述所组成，如果没有人能有效地观察这个系统，那么，就不可能有描述。

这似乎有理。但是，当然，我相信爱因斯坦会强烈地反对你所说的意思，因为他相信实在就是通过我们的观察所揭示的某种东西。关于这一点，你认为爱因斯坦完全错了吗？

我认为如此。尽管我们大家都极其敬仰爱因斯坦，因为他在物理学中发现了许多东西。然而，我们不得不承认，他不愿意使自己适应量子力学的种种含义。你知道，我们没有什么明晰的方法来定义实在性这个概念。确实，有许多有效的概念是我们无法明晰定义的，因此，实在性可以是有意义的。但是如果我们试图维持爱因斯坦的关于作为实在的这般东西必定存在的理想，那么，我们就将量子力学置于许许多多的逻辑麻烦之中。人们已经花费了60年左右的时间，力图找到排除这些麻烦的方法，但他们没有找到。对我来说，这种方法很可能是不存在的。

对于具体实在的信仰，或者对爱因斯坦所持有的客观实在的信仰，似乎存在一股强烈的、甚至带激情的祈求。这就是说，多少有点要把我们自己画在画面之外。科学家们应要求把精神或观察者从事物中心排开，对此，我本人总觉得是难以理解的，因为对我来说，似乎要求我们处于这个中心位置上。你认为为什么有许多物理学家在

无休止地探索，以发现爱因斯坦所想象的不依赖于精神的客观实在的某些印迹？

他们这样做，就是由于刚才讲的理由，但我不认为有那么多的物理学家担心这个。我认为那只是一个很小的部分。

或许他们是一些喜爱发表见解的人。

他们是喜爱发表见解的。事实上，曾有人问过我，为什么如此少的人乐于坚持和捍卫玻尔的观点。当时我并没有回答这个问题，但是，答案当然是有的，那就是：如果某人发表一篇论文证明2+2=5，那是不会有许多数学家写文章捍卫常规观点的。

当然，爱因斯坦干过这样一件事，即他想出了一个激起人们从一个新的角度看待这个问题的思想实验。近来，由于阿斯派克特实验及其他类似实验的结果，我已经看到：这些概念能够被检验。你认为这些实验结果适合于所预料的图像吗？或者，你认为阿斯派克特实验告诉了我们关于量子力学什么新东西吗？

不，它们没有！当然，有一个用实验证明的理论预言总是好事。因为在过去，我们曾多次惊讶过。但是，这些实验给出了与量子力学所预言的相一致的结果，这一事实没有改变物理学。如果实验结果与预言不一致，那么，我们就会有实际的麻烦了，因为那时我们不得不至少放弃现存方案的某些部分。实际上，要想象出一种理论，它既能重新产生出量子力学的已经非常精确地验证了的所有结果，又借助于这么几个精巧的实验，引入某种新的东西，那是十分困难的。但幸运地，那种情况没有发生，因为实验与量子力学一致。

曾经有人提出过各种隐变量理论的可能性，在这些理论中，人们可以把量子粒子的非决定性，看成是由于我们不能感知的一组复杂的、杂乱无章的力引起的乱蹦乱跳，非常像热力学中由于分子轰击所致的种种复杂力导致粒子的乱蹦乱跳。你是否认为阿斯派克特实验已为这个理论判了死刑？或者，是否还有别的方法可以拯救这个理论？

如果人们固执地反对公认的观点，他们就能想出许多新的可能性来。但是，不与这些实验相矛盾而又有意义的隐变量是不存在的。这已为约翰·贝尔所证明。他在确证这个问题上有着伟大的功绩。在此之前，数学家冯·诺伊曼曾经给出一个证明，但他做了一条实际上不必要的假设。所以，我认为答案是：这些实验至少摆脱了所有现存的隐变量理论，但或许有人还可能提出一个与这些实验相一致的隐变量理论来。

一种可能性是放弃定域性概念，即允许考虑某种超光速信号的可能性，以至远离事件由于某种集体密谋可以同时地发生。我想爱因斯坦曾把这叫作“幽灵的超距作用”。如果人们准备接受这种即时联络的可能性，那么，我猜想，既保持实在的客观性观点，又保持与阿斯派克特实验结果相一致，会是可能的。

如果你那样做，它就变成了一个非常好笑的实在论观点了。首先，如果真的有超光速传送信号的可能性，那么，当然我们的相对论就会有很大的麻烦了。

那样一来，就有可能逆时传递信号，或许可能以现时会发生的所有相伴的佯谬影响着我们自己的过去。

的确如此。但是，当然，如果你想想这些新型实验的种种推论。它们没有为超光速传送信号开绿灯。

但是，如果分离的事件之间有关联，似乎它们必须以某种方式密谋，并使对方知道什么东西正在进行着。你能想出一个简便的方法来说明为什么不这样吗？

我们所谈及的原始的思想实验，涉及具有自旋的两个粒子。当你沿任一特定方向测定自旋时，你就得到一个确定结果——正或负。令人惊讶的是：如果测量一个粒子沿比方说竖直方向的自旋，那么，你就可预言另一边粒子的自旋是等值地沿竖直方向；如果你测量的是其水平分量，那么，你就可预言另一边粒子的水平分量。这使人认为：利用选择是测量竖直分量还是水平分量，人们正在以某种方式改变着另一个粒子的情况。但是，事实上并非如此。当然，如果你知道一个粒子的答案，那么，你也就知道另一个粒子以何为真了。但是，如果你做了一次关于竖直自旋或水平自旋的测量，但没有公开答案，那么，另一个粒子则什么也没有改变。因此，这不能用于传递信号。

你没有控制你的具体测量的结果，所以你就不能控制另一次测量结果；你所知道的一切就是：在你做过了一次测量之后，另一个相应

测量的结果就固定了。

是的。但是，你是沿这方向做测量，还是沿另一方向做测量，并不改变另一方事物的状态。所以，没有办法用这个实验来快速传递信号。如果你想到你的隐变量，那么，你就得发明永远测不到的某些变量，原则上，你永远不可能知道这些变量的答案，它们在一长距离上联络着而同时却不影响物理情态。对我来说，那似乎是一个如此无吸引力的观点，即使你能使它与阿斯派克特实验相一致，我还是喜欢现在的解释。

你持这样一种见解，似乎是深思熟虑的。我可以把话题转到宇宙学方面来吗？因为现在有一股热潮，要把量子理论应用于整个宇宙。在这里，我们遇到了一个严重的解释问题。因为如果整个宇宙是由包括观察者在内的每一事物所组成，我们就有一个怎样对整个宇宙的量子态做出测量的困难。你对此有何看法？

我认为很清楚，这种测量是决不可能的。一个困难是：量子力学中的大多数举例与大多数练习，都是这样做的，即想象一个系统，并且说："好啦！现在我们已经完全地测量了系统的态，这就是我们的出发点。"技术上，那就是我们称之为纯态的东西。然而，在任何实际情况里，我们决不会碰到它。总有那么多原则上可测量但没有时间和精力去测定的量遗漏掉了。这类似于经典物理学中的情况，在那儿，人们很少声称测量了每一件可能的事物。或者，这类似于统计力学中所遇到的情况，在那儿，我们听任许多单个分子行为的不确定性，而代之以仅考虑它们的平均行为。在宇宙中，我们也有这个问题，只是更突出罢了。

在经典物理学范围内，有可能说，整个宇宙在干什么是有意义的。原理上，我们可以想象（正如拉普拉斯所做的那样）我们具有全部粒子及其轨迹的信息，而且，就某种意义而言，预言着未来的行为。如果你试图在量子力学中做这番事业，你就会碰到观察者包含在其中的障碍。

嗯，你决不可能预言所有的未来行为。这是量子力学的本性所在，量子力学是非决定论的。但是，原则上，你可以写出整个宇宙的量子力学方程，一个波动方程。

是的，人们可以这样做。但问题是，它意味着什么呢？

仅当你能断言初始条件，并且知道某特定时刻在微观细节上宇宙的态是什么，这个方程就会意味着某种东西。

但是，虽然人们不可能实际得到那种信息，人们运用宇宙波函数哪怕是想一想，有意义吗？

你可以想。

但，它有意义吗？

我认为有，因为你仍然可以从它的行为导出某些与某人可能做出的原始观察无关的结果来。这些结果将会有用。所以我认为揣测这种波函数是合理的，但是在实际中我们不能实实在在地使之实现，因为我们决不可能做出全部观察。你说过，当你指明宇宙的波函数时，它就包罗了所有的观察者，在那里，我们再一次碰到生物学是否是物理学的一部分的问题。现在我们已知化学最终是物理学的一部分，生物学是否亦如此，这个尚未证明的问题，许多人倾向于假设它，但它可能不真。

你的意思是，当结构变得充分复杂时，就可能冒出新质特征来，是吗？

当结构变成有生命时，就出现了新质特征。

生命本身不是某种可归结为种种原子性质的东西吗？

我认为不是任何极其神秘的东西都可以在此加以预料的，这与19世纪物理学所发生的情况颇为相似。那时的科学家们开始是相信任何说明都得涉及一种力学机制，而且相信力学就是整个物理学。当他们碰到电磁现象时，就企图用某种力学机制来说明这些现象。麦克斯韦甚至试着这样做过，但是接着他意识到，其他人也意识到，这没有什么意思。因为电和磁本身就是物理概念，它们不与力学相矛盾，它们是对力学的补充与丰富。就这同一种意义而言，我认为，除非我们以某些新的概念丰富了物理学知识，我们是不会完成生物学的基础的。我不想说这些新概念将会是什么。

思考过整个宇宙波函数的一些人，感到非采用量子力学的所谓多宇宙解释不可，在这种解释中，人们设想，一切可能的量子状态，在某种意义上是共存的。对于这种解释，你有什么看法？

这使事情不必要地复杂化了。既然我们无法看见其他宇宙，也永远无法与其他宇宙联络，为什么要发明它们呢？有一种思维方式，我认为其思想路线是有意义，却是不必要地炫耀学问的。量子力学仅能从给定的初始信息做出预言，当你在做出某种观察时，你就知道了系统的某些东西。然后，量子力学能告诉你进一步的实验给出另一组结果的种种机会。所以，就某种意义而言，你可以说，量子力学是一部对应于所有可能初始条件的所有可能结果的词典。现在如果简单地用“多宇宙”这个术语替代“词典”这个词，那么，我们就与埃弗雷特以及多宇宙概念的其他倡导者们相一致了。换句话说，肯定有许多量子力学所允许的可能性，而我们通过观察找出我们实际看见的那种可能性。按照埃弗雷特解释的更通俗的说法：你所说的就是，你必须做出观察，以看清你处在哪一个宇宙之中。但是，我喜欢“可能性”或“可能性词典”等字眼，而不喜欢“多宇宙”这个词。

第6章
大卫·多奇

大卫·多奇（David Deutsch）是得克萨斯州大学（奥斯汀）和牛顿大学天文物理系研究员。他长期对一般物理学，尤其是量子力学的概念基础有浓厚的兴趣。他在这里为多宇宙解释辩护。

首先，我可以请你对多宇宙解释做扼要介绍吗？

多宇宙解释是这样一个想法，即存在一些平行的完全的宇宙。它们包含所有星系、所有恒星以及所有的行星，全都在相同时间以及在某种确定意义上在同一空间中存在着。这些宇宙通常是相互无联络的。但是，如果一点也不联络的话，那么，我们假设其他宇宙的存在就不会有任何意义了。我们必须假设它们的原因是，在量子理论微观层级的实验中，它们事实上确有某种相互影响。

在我们探讨这个问题之前，你能对下述说法的正确性做出澄清吗？这就是：就某种意义而言，“在外部存在”有许多别的宇宙，它们与存在于我们身边的这个宇宙非常相同，但并非通过我们自己的时间和空间跟我们这个宇宙相联系。

这种说法是对的。

这么说来，这些别的宇宙在哪儿呢？

如我说过的，就某种意义而言，它们就在这里与我们共享同样的空间和同样的时间。但是就另一种意义而言，它们是在“别的什么地方”，因为预言它们存在的同一理论，也预言着我们仅能间接地检验它。我们决不能以任何大标度方式到那里去，或与它们联络。

既然如此，我们为什么要相信这样一种怪诞建议呢？

我想，第一个原因是预言多宇宙的理论是量子理论的一种最简单的解释，而我们相信量子理论，是因为它的巨大实验成功。实际上，量子理论是历史上最成功的物理学理论。

你说它是量子理论的最简单解释，但对我来说，它似乎像一种非常复杂的解释，或至少是一种涉及某些古怪概念的解释。在什么意义上说它是最简单的？

说它是最简单的，理由就在于：除了那些正确预言实验结果的东西之外，它所涉及的补充假设是最少的。物理学中所有的理论都预言某些可由直接实验控制的东西，或某些不能直接由实验控制的东西。例如，我们的恒星理论预言人们可测量的东西，如它们有多明亮，以及它们什么时候成为超新星。但是，恒星理论也预言诸如恒星中心的温度之类的东西，这些我们是无法直接测量的。我们相信这些理论，包括相信它们的那些不可能观察的预言，因为它们是在一个首尾一贯的物理学理论框架内，说明我们所观察到的事物的最简单方法。

现在，量子理论的其他解释也涉及关于实在的相当不直观的假设。在有些假设中，物理实在的本性有赖于意识（人类意识），除非被观察，就无所谓存在。在我看来，这是比平行宇宙的概念奇特得多、实际上不可接受的理论推论。

所以，平行宇宙是廉价的假设，昂贵的宇宙[1]。

完全正确。在物理学中我们总是企图做些假设上便宜的事情。

有多少个别的宇宙？

准确的数目由我们尚未充分知晓的物理学理论的细节决定。我认为，稳妥地说，有非常大量的或许是无限多个这样的宇宙。其中许多与我们的宇宙非常不同，但有些只有某种细节上的差别（就像书在桌上的位置不同一样），而在其他各个方面则完全是一样的。

关于这些宇宙的来历你能说些什么吗？它们永远存在，抑或数目上有增或有减？

我最喜欢这样看待这个问题：它们的数目很多而且这个数目为一

---

1. 意指：假设数目少，宇宙数目多——译者注。

常数，即总有同样多个宇宙。在可能有多种结局的一种选择或决定做出之前，所有的宇宙均相同，但当选择做出时，它们就分成两群。在一群中发生一种结局，在另一群中发生另一种结局。从那以后，这两群宇宙之间通常就不相互影响了。但是，如我说过的，偶尔地，它们是会有影响的。

有时说，多宇宙解释也是一种分支宇宙解释，就是说，当世界面临一种量子选择时，它就分裂成它可能变通的一切不同的状态。你的观点是否略有不同？

是的。1957年当H. 埃弗雷特首先提出这种解释时，他就是使用这种说法，他说的是分支宇宙。因为如果有一个全同宇宙集的话，他宁愿把它说成是一个宇宙。他认为既然这些宇宙全同，而且保持全同，那么，把它们说成是“许多”，那是没有什么意思的——这些宇宙不过是描述唯一一个宇宙的不同方式而已。所以，当我说宇宙把自身分成两群时，埃弗雷特就说，一个宇宙分裂成两个宇宙。我谈这个问题的方式是说，总有相同数目的宇宙，而且它们反复分隔自身。

随着时间的推移，这些宇宙越来越不相同；我们能设想它们多少是平行地存在的，数目不变但内容在变。对吗？

对的。它们的复杂性在变化着。这种复杂性的增加是热力学第二定律在量子理论中的反映。热力学第二定律说熵总是增加的，或者说，存在时间的“向前箭矢”。

我不愿争论这个。但令我迷惑的是：量子力学的基础结构是关于时间反演对称的，我不明白为什么我们正谈着的种种变化应在时间的某个优惠方向发生。我们不可以发现等量的其他宇宙，在那里，复杂性是随时间减少的吗？

在量子理论的埃弗雷特表述中，确确实实允许宇宙的合并（用他的旧说法）或者再次变得全同（用我喜欢的说法）。理论上没有先验的道理说它们不应该这样，而应该向着未来分化。或者实际上它们为什么不应该以无规的方式选择这两种发展方式的一种。在宇宙的分化为何应该有优惠的时间向前方向与在所有物理学分支中解释为何有个时间箭矢属于同一个问题。

在你的理论中，这个问题没有解决吧？

没有。我相信，在量子理论中存在一些有希望导致解决这个问题的研究途径。但记住，这是存在于物理学每个分支中的同一问题，它既未被埃弗雷特解释所直接解决，也未被迄今为止的别的什么解释所解决。我应该补充说，各宇宙在小尺度上的汇集是确确实实发生的，而且在效果上观察到了这种汇集，因为每有一次干涉实验，就有一次汇集，这为两群宇宙的合二而一提供了间接证据。

这听起来似乎是令人吃惊的陈述。你能举出一个你认为是观察到了两个宇宙融合在一起的精确例子吗？

可以。光学的经典杨氏双缝实验就是一例。人们所做的就是令非常弱的光束通过双缝（今天，用其他粒子也可以做到），每次一个光子以这样一种方式通过双缝，即光子的某些性质会由于它分别只穿过其中一缝而受到破坏。就是说，如果光子穿过一条缝，那么，储存在光子中的某些信息就被毁掉了；如果光子穿过另一缝，这信息同样也被毁掉了。按照量子理论，这个粒子的某个方面（即波函数）同时穿过双缝，而且信息是不丢失的。这就使人们想起一个古老的争论：光的本性是微粒的还是似波的？我们现在所谈的实验展示出“光子的似波性质”，然而，如果人们靠近每条缝各放置一个检测器，那么，人们总可以100%地检测到不是从这个缝出来就是从另一个缝出来的光子。但是，正是检测器的存在，妨碍了人们成功地操作那个本会检验出运动的似波性质的装置。现在，埃弗雷特对这个问题是这样解释的：似波运动的观察结果告诉我们，在早先的时刻有两群宇宙（即在一群宇宙中光子穿过一缝，在另一群宇宙中，光子穿过另一缝），但后来，这些光子在同一位置出现，自那以后，所有的宇宙又是一样的了。

让我们正确地理解这一点。我们奉献出一个粒子，它可以选择穿过这一缝或那一缝，在埃弗雷特解释中，这些表征着两个完全分离的世界。但是，如果我们允许这系统把两路径带回来而相互重叠，那么，这似乎是把两个世界合二而一了。

对了！当人们后来观察合并后的光子时，它具有这样的一些性质，它们把光具有被指定穿过这一缝还是那一缝的可能性勾销掉了。

所以，这样一来，我们所谈论的这些世界，虽不是我们的空间和时间的一部分，似乎仍然可以在原子层级上对话。不断地去探索这些

别的宇宙的设想是可能的吗？我们能够永远地获得有关它们（即使在原子层级上）的信息吗？我们能够考查原子的种种性质从而发现那些别的宇宙的任何东西吗？

就有限范围来说，我们可以办到。我们能够检验其他宇宙存在的唯一实验就是间接实验，这跟通过考查太阳表面5000℃温度来检测太阳16000000℃的内部温度很相似。换句话说，我们的方法是由我们的理论来检测它。

至于探查这些别的世界，我们现有的理论指出，那是不可能的。我们不可能比直接走进过去或将来更能走进它们。

但是，这些其他宇宙仍然有看来非常像你和我一样的居民，是吗？

这正如过去与未来的情况一样。事实上，当·佩吉和威廉·伍特斯近来探索了过去和将来的“不同宇宙”以及与我们现在并存的不同宇宙之间的这种联系，并在一个统一的数学基础上描述了这些宇宙。研究表明，过去和将来都恰好是埃弗雷特的其他宇宙的特殊情况。

但是，走进过去会涉及某类佯谬（即因果佯谬），在这些平行宇宙中，也许充满了这类佯谬。人们可以设想进到别的一个宇宙中去，并跟好像是自身的另一拷贝相会。但它不会严格地成为自身，因为它会略有不同。而且，你可以改变这样一种宇宙的未来事件，而当你返回到自己的宇宙中时，不会跟自己宇宙中你自己的未来相矛盾。

实际上，它并不能使你逃脱某些著名的科幻小说家喜欢的时间旅行佯谬，对吗？

如果量子理论略为不同，就会是这样。量子理论以其现在的形式不允许这样的原因在于，恰如在某种意义上过去引起现在发生什么，现在又引起将来发生什么一样，不同的平行宇宙是被它们是一个公共的物理实体的一部分而关联在一起的。物理实在就是纠缠在一起的所有宇宙的集合，就像一台机器中齿轮套住齿轮，你不可能动一个而不动其他。所以，平行宇宙就像过去宇宙和未来宇宙那样无法解脱地关联着的。

如果你到另一个宇宙中去，并攀上一个悬崖，那么，在你自己的宇宙内就会有一个反响。对吗？

对的。

所以，它可能比我们在这些时间旅行佯谬中所想象的更复杂，是吗？

是的。当然，人们可以揣测，对量子理论做点修改，就可以进入过去或现存的别的宇宙之中。但由于量子理论是我们完全相信这些宇宙的唯一理由，若只是为了宇宙以稍微不同的方式行事，或者甚至以比它们已有的更为奇妙的方法行事，就要去改变量子理论，这似乎是发疯了。

你已经部分地说明了多宇宙解释对你的诱惑力。但是依你之见，量子力学的标准哥本哈根解释有什么错吗？

我已经说过，埃弗雷特解释在形式意义上更为自然。但关于采用埃弗雷特解释的最好物理理由在量子宇宙学之中。在那里，人们企图对作为整体的宇宙运用量子理论，即把宇宙看成由大爆炸开始的动力学实体，而后演化成星系等等，这样一来，当人们试图（例如，通过考察教科书）询问量子理论中的符号是什么意思时，人们怎样用宇宙的波函数以及量子理论中的其他数学实体去描述实在呢？教科书中是这样写的："这些数学实体的意义如下：首先考虑在所考查的量子系统之外的一个观察者……"接着，人们不得不做短暂停留。假定在我们谈论一个实验室时，一个外部的观察者是全部正常的，即我们可以想象，一个坐在实验室装置之外的观察者正在考查它。但是，当实验装置——它是用量子理论加以描述的——是整个宇宙时，这跟想象一个坐在它之外的观察者，在逻辑上不是首尾一贯的。因此，标准解释失效了。它完全不能用来描述量子宇宙学。即使我们知道怎样写下量子宇宙学理论（顺便说一句，这是十分困难的）。在别的解释中比埃弗雷特解释更难于在字面上理解理论中符号的意义。

以我改变自己关于量子理论解释的观点的经验，物理学家们最后确信除多宇宙解释别无他途，往往是发生在他们开始考虑量子宇宙学之时。

如果我们处理量子宇宙学，常规解释就陷入了麻烦，但采用多宇宙，我们就有一种解释，它似乎是适合于正规量子宇宙学问题，并要

千方百计地解决它的。至少在原则上它给予我们能够谈论整个宇宙量子行为的一种首尾一致的方法。因此，它开辟了这样的前景，即把量子力学正正经经地看作是宇宙确实存在的一种解释，就是说，把整个宇宙的出现说成是某种量子现象。你认为这对吗？

是的，虽然，我必须强调，与我已说过的其他大多数事物不一样，这是推测（在我看来，我说过的别的事物不是推测）。我认为正如运用埃弗雷特解释的分叉结构，有一种很强的理解热力学第二定律的可能性一样，也有一个理解关于宇宙整体存在问题的某种可能性。

这样一来，在多宇宙解释中，人们似乎紧紧抓住了关于客观实在的某些印迹，虽然它是一种多重实在。

是的，这是它的主要优点之一。

然而，不必引入任何诸如意识、精神等主观因素。关于一个观察者实际上是什么的问题，这个理论一点东西也没有说吗？

没有。埃弗雷特解释的另一优点就是它不必在理论的框架内提出观察者的工作模型。就是说没有必要精细陈述什么是观察者与任何其他物理系统之间的区别。顺便说一说，多宇宙解释使人们弄明白了的一个问题是关于测量的含义。测量理论中有许多用埃弗雷特解释更易于处理的问题。但跟什么是意识相比，那是一些直截了当的事情。我把它看成是埃弗雷特解释的优点之一，对此没有什么可以说的了。即使在我们具有什么是意识的全部准确知识之前，多宇宙解释就有功效了。而量子力学的其他解释则不然，如果我们不预先理解意识，它们是不会正当地发生功效的。

但是，当然！对于许多人来说，量子力学为人们所喜爱的优点之一，恰恰是它把观察者放回到舞台中心。它以非凡的方式涉及在宇宙运转中的精神，他们喜欢这一点，是因为精神具有一定的神秘功效。你在把精神从宇宙中驱逐掉，或者，至少你使它不成为宇宙运转所必不可少的东西。

是的。这是一种有趣的争论。实际上，我想以另一种方式表达此事。我认为，是寻常解释把精神从物理实在王国中驱逐掉了。

为什么你这样说？

因为，在他们当中，精神被假设遵从不同于其余实在的物理定律。其次，在所有我所知道的寻常解释观点中，精神这种新属性——这种新的神秘性质——的准确本性是没有详细说明的。或许有一天，人们会找到一些新的描述精神的定律，它们恰好就是量子理论的寻常解释在工作，这是一种希望而不是一种理论！在埃弗雷特解释里，物理学的现存定律被假定合适地描述了精神。在没有发现矛盾之前，我们完全有理由相信这一点。只有在埃弗雷特解释里，观察者才被看成是他所测量着的宇宙的一个固有部分。

但是，他在那里似乎是受骗了，他对于决定实在不起作用。

在决定实在中，他不比任何其他物理系统起更特殊的作用。

所以，它无助于我们理解意识是什么？我们只能说，脑比单原子更复杂，由于某些未知的原因，它们将意识赋予宇宙。

对！但是，如果跟埃弗雷特解释相竞争的那些解释，不提供那些知识，却又要求这些知识，我确实不明白，这怎么会是一个优点。

我认为，或许它仅优于神秘性。所以，你听我说。当然人们可以简单地说，在与世界（至少是物理世界）打交道中，我们的所有就是观察。我们能做实验、做测量，并试图把它们与一种模型联系起来。量子力学向我们提供了一种出色的关联观察结果的模型：我们可以把它看成一种算法，一种把我们观察的所有事物联系在一起的方法，而且它工作得非常好。所以，为什么我们需要关于多宇宙的这些精心设计的思想呢？我们不能恰只取用量子理论的表面价值吗？

把理论纯粹解释成预言实验结果的工具，而不把它看成客观实在的真实描述的缺点在于：这种观点会麻痹理论的未来进程。我可以从早期物理学中举出一个类似的例子。当伽利略通过彻底调查被迫放弃他关于地球绕太阳运动以及由此引起光在天空中表观运动的理论时，人们只要求他走一半路，谁也没有要求他走完全程，说他的理论是伪理论。虽然他的理论对预言亮点在天空中位置是一个好算法，他们要求他不应走得太远，说这些亮斑是由如同空间中辐射物质实体一样的实际客观存在的东西引起的。

是吗？我怀疑这两种方法之间是否真有区别。在我看来，在现代物理学中，它们根本没有什么区别。例如，人们习惯性地谈论虚光子——它们真的在那儿，抑或实际上不在那儿？我认为这个问题没有任何意义。在我看来，我们的全部所有就是一种计算不同观察结果的方法。谈论虚粒子是否真的在那儿，是一件徒劳无益的事。

是的。这是关于"真的在那儿"这个词语的一个略不相同的含义。我们是否把虚光子描述为在普通时空中存在的粒子、波或其他东西，只不过是一件把物理知识翻译为普通的日常语言的难事。但我认为，我们必须说有某种东西确实在那里。让我再回到伽利略例子上去：如果当时别的物理学家真的愿意接受认为伽利略的理论只不过是一种预言天空中光斑位置的算法的思想，那么，从伽利略理论向着牛顿理论的进展就会停滞下来。因为虽然牛顿理论是超越伽利略理论的坚实而直观的一步，但它与古老的天体理论是根本不可比的。如果牛顿满足于停留在天球的旧本体论上，他决不可能表述自己的理论，即使是作为一种"工具"或"算法"来表述也不成。

我有双重理由把量子理论看成是对实在的描述，首先是因为它就是我们之所以需要该理论的目的；其次是它若不如此，就不可避免地会阻碍物理学的进程。

我没有完全被说服。因为毕竟人们可以宣称：电磁场只不过是一种发明，只不过是一个词，它不真的就在那里，然而，这却没有阻碍电磁学的进程。

我认为你又一次以两种不同的意义使用着“真的在那里”这个词语。当我们说到电磁场（例如，无线电传输）时，我们习惯上用来描述这个问题的语言是关于这些波真的在那儿的语言，我们说它们从传送器发出，在接收器被接收。事实上，不以这样的方式而重新表述经典电磁理论是很困难的，尽管那是有可能的，即人们可以只谈论电子在接收器和传送器中的运动，而不谈在它们之间什么传送着影响。但是，这是一种错误说法，因为如果在麦克斯韦时代我们强迫自己进入这种考查世界的道路，那么，场论的后继发展（例如，能密度归因于场自身）以及后来的量子场论都将是不可能的。

但是，场仍然是一种抽象的结构，不是吗？

它肯定是一种抽象结构，但当一个物理理论说它与某种实在的东西相对应时，它就在物理学中获得一席之地。至于它所对应的这种实际东西，贴上什么标签，则是一个次要的问题。

但无疑地，在我们能够信赖的关于实在的任何模型中，最终都返回到我们的观察上来，对吗？无论人们可以发明什么复杂抽象的机制去谈论扰动的传播以及关联在一起的影响，人们与实在的接触才是唯一可接受的终点（即观察者）。我的意思是，我们最终会回到我们的观察，而且，那就是我们所得到的一切，不是吗？为什么我们还要求更多的东西呢？

我不这样看。要是观察真的是我们“最终”的全部所有，我不相信我们甚至还有观察。我们实际观察事物的方法是经由理论与实验之间的亲密关系。我们需要这二者。归根结底，我们的感觉器官就是确定的一些理论的物质性具体表现；我们眼睛是一定的光学理论、一定的颜色理论和三维空间的具体表现。说这些只不过是理论，即说它们中某些是错误的（比方说，阐明眼功能的有些理论实际上是错误的理论）。而当我们看物体时，并不仅仅依赖感官感觉；否则，我们决不会发现有两类绿光，一是直接为绿，另一类是蓝与黄的混合。

是的，但我们只能通过技术扩大我们的能力范围，才能发现它们。

对极了。我们是通过理论与观察的一种组合，去扩展我们关于世界的知识而找出它们的，决不是仅通过观察，也决不是仅通过理论，就可发现它们。

嗯，虽然多宇宙理论或许有趣，它或许只是一种谈论世界的方法吧？抑或，它能实际被检验吗？你说过，我们不可能访问别的宇宙，但我们能设计一种实验以证明它们确实存在吗？

当埃弗雷特首次提出他的解释时，他相信，它是一种纯粹的技术性词义中的解释。换句话说，量子理论的物理预言在他的系统中与任何其他系统中是精确一致的。现在，我认为并非如此。近年来，我已做过一些工作，试图精心做出埃弗雷特解释与寻常解释之间的准确实验差别来。现在我不得不在“解释”二字上加个引号，因为我相信实际上存在不同形式的量子理论结构。

所以，我们不是在谈论对于同一理论的两种不同考查方法，而是

在谈两种完全不同的理论，是吗？

是的。当我意识到，在数学水平上，两种表述形式事实上略不相同，因而原则上有希望建立起一个判据性实验检验，于是我就试图想出检验办法来。这当中的最大困难是，常规解释是如此松散而不精确，以致很难准确地确定什么是它们的预言！然而，我最后达到了这样的信念，即一切寻常解释的共同核心就在于：它们都说，至少在测量结果进入观察者的意识那一时刻，波函数会发生坍缩（不论在寻常解释的不同说法中，把这种不可逆的信息损失称作什么）。另外，从实验知道，只要信息仍然保留在一个仍能展示原子干涉的亚原子系统之中，这种坍缩就仍未发生。所以，必定假定坍缩是发生于原子层级和观察者感觉到它的那一时刻之间的某一点，在哪儿？我们不知道。之所以不知道，是因为在这个问题上寻常解释是暧昧模糊的。现在，在埃弗雷特图像中，波函数的这种坍缩被描述为除一个之外的所有宇宙的突然消失。

但是，当然！那并没有发生？

嗯，我们确信那事并不发生，但我们要有一个检验它发生与否的实验。实验的原理如下：我们先找到一种情态，在其中寻常解释预言一切别的宇宙将突然消失，而埃弗雷特解释则预言它们不消失，而是平行地存在着；然后，我们再在一种干涉实验中找到它们继后的相互作用的某些可观察的结果。如果埃弗雷特解释是正确的，我们就会观察到另一种结果，就这么简单！

不幸地是，这个实验要求观察一个观察者的两种不同的记忆状态之间的干涉效应。其所以它应是一个观察者的、而不是任何一个旧物理系统的记忆，那不是埃弗雷特解释的过错，只是寻常解释需要特别参考不同的观察者。这些解释与埃弗雷特解释不同之处在于：它们说观察者遵从不同的物理定律；而埃弗雷特说他们遵从相同的物理定律。所以，我们期望判决实验会发生在观察者脑内具有量子效应的地方。

我们正在谈论量子记忆，是吗？

我们正谈论着量子记忆，或许是谈论电子人工智能。

这是因为我们自己的脑实际上在经典水平，而不是在量子水平上工作，对吗？

对，迄今为止，就我们所知是如此。有一些理论认为脑不是这样工作的。但是，不论是与非，要在这种精细水平上控制人脑的功能，似乎是不可能的。相反，当涉及电子元件时，那已经是使用它们的某些量子性质的共同地方了。每一块微集成电路都按那些原理工作着，但是，对于干涉现象来说，即使现在的集成块也太粗糙了，以致不能在它们中观察到。

但我们可以设计制造出某种具有量子水平记忆的人工超脑，并要求它为我们实行这种实验，告诉我们，它感觉到什么。

对！它可以按我们喜欢的任何方式记录这个实验的种种结果，它可以把结果写下来，也可以把结果告诉我们。量子理论与其竞争者之间的差别（颇像阿斯派克特实验情形中那样）不是一个小的百分比之差，而是全对或全错之差。在我描述的实验中，人们将观察、确定原子的自旋，如果自旋指向一个方向，则埃弗雷特解释为真；如果自旋指向另一方向，则寻常解释为真。

现在，你已经解释了人们怎样可能构造这种超级脑，以起着具有量子记忆的观察者的作用。但是，你能准确地告诉我们，它正在观察的是什么吗？准确地说，他在做什么实验，如果我们能称它为他的话？

你可以把它称作他。此实验以观察这个人造观察者的精神内的干涉现象为己任，这个实验既可由某个注视着他内部的他人去做，也可以更雅致地由他本人工作时力图记住各种事物，以便他能对自己的脑实行一个实验。

他能观察他自己吗？

是的，他能观察他自己的一部分。他企图观察的东西，是他自己脑的不同状态之间的一种干涉现象。换句话说，他企图观察在不同宇宙的相互作用中，他的脑的不同内部状态的效应。

这些不同的内部状态会怎样建立起来？

在最初一瞬间，它由特定的感官组织建立起来，这种感官组织本质上正是另一种量子记忆单位。这种感官组织被用于观察一个原子系统——具有两种可能态的系统，如一个原子的自旋的状态。现在，量子理论预言，在观察了这个原子系统之后，观察者的精神会把自己分化为两个宇宙分支。

所以，我们有一个具有两种可能态的原子系统，每一个态都会触发这个人工观察者的脑处于这一状态或那一状态。按照埃弗雷特解释，这两种脑状态多多少少是共存的——或者至少它们分别处于平行的宇宙之中，但我们并不让这些宇宙相互脱离接触。我们把它们置于重叠之中，彼此相干。于是，这个可怜的观察者（与它以往那样）是精神分裂症患者，立刻同时观察到这两种可能性。

对！从效果上讲，他感觉到他自身分裂成了两个拷贝。

他会再次感到他自身的合并吗？

是的。从效果上讲是如此。当然，我们并无这类感官组织。所以很难说这是一种什么感觉。但如果这种观察者存在，我们就可以问一问他。

听起来非常不舒服！

或许如此。但是，假定他是位物理学家，那么，他就会乐意去做这个实验！

他会做得多准确呢？

在中间阶段，他将就那个效应写下一个保证书："兹公布：我正观察到两个可能性中的一个，唯一的一个。"

他写下的东西在两个不同的宇宙中将不同吗？

不，他写下的东西在两个不同宇宙中将是相同的。因为实际上他不愿意说出他观察到的是哪一种可能性。换句话说，他可以这样写："所以，这个实验可继续下去，我实际上不愿说出我正观察到两个中的哪一个，但我保证我仅观察到一种可能性。"这样一来，他可以继续做包含有不同脑状态的两个平行宇宙之间的干涉实验，他应该得到一个仅与他过去的两个脑状态的存在相一致的结果。所以，如果干涉出现，他就可以推断这两种可能性必定在过去平行地存在着，以支持埃弗雷特解释。然而，如果寻常解释是正确的，那么，在他审议期间的某一时刻，所有的宇宙除一个外，都将会消失掉。虽然一直到识破干涉现象发生之时，干涉也不会发生，他写下"我正观察到唯一的一种可能性"，仍为真。所以，他会证明埃弗雷特解释不对。

由于根据他关于一个具体结果的这种确定的知识，他将完全修改系统的波动性质，从而改变系统继后的量子演变，继后的测量可以对此做出核实吗？

是的。他或者能证实，或者能证伪。如果他已以那种方式改变了系统的波动性质，那么，寻常解释就是正确的；如果他没有改变它们，则埃弗雷特解释就是正确的。

在埃弗雷特解释中，这意味着观察者有可能拿主意，但他有两个主意。

是的。

他处于关于它的两种精神状态之中！当实验完成时，将要求这个机器观察者记住：什么是他曾观察到（即使他当时没有把它写下来）的？什么是他将会记住的？他会记住二者吗？

不，事实上，他一个也记不住，那是他所做其他事情的必然结果，即他必须抹去关于他观察到这两种可能性中的那一个的记忆。

但他仍然有这样的记忆，即他只观察到这两个中的一个。

是的，我的实验的关键特征是：他关于知道一个且唯一的一个可能性的记忆可以维持下去，即使他被迫忘掉了究竟是哪一个。

你说他能推断出他必定已被分裂，因为他知道此结局涉及两种可能性之共存？

对极了。

如果存在于我们周围的所有其他宇宙确实在原子层级可以与我

们的宇宙相耦合，为何我们没有感觉到它们的存在呢？

原则上我们能感觉到它们的存在，没有根本理由不如此。因为我们的脑充分大才得以在实质上为经典的层级上运转。如果我们有足够精细的感官，那么，它们就很像我的思想实验中的机械观察者。凭借它们，我们就能检测或感觉到（不管那意味着什么）其他宇宙的存在。

你的意思是，如果我们能够感觉到漂移在我们脑中的所有原子，那么，我们就会实际地感觉到这些其他的宇宙，是吗？

对的，事实上，如我说过的，埃弗雷特常常将爱挑剔他的解释的人比作伽俐略的反对者。伽利略说过，他的反对者们没有感到地球在他们脚底下运动。正是伽利略理论本身预言人们并不感觉到地球的运动，除非人们使用足够精细的仪器，正像用一个傅科摆或用足够精致的天文学测量，人们能够检测（即人们实际上能够感觉到）地球的运动。所以，利用充分精细的感官，我们会确实地感觉到其他宇宙的存在。

不管怎么说，要做出你刚才描述过的检验，我们需要这种超计算机，以告诉我们埃弗雷特解释正确与否。

可惜是如此。要构造这样一种计算机，似乎要走一段相当长的路程才能超越现有技术。虽然我说路程很长，但我不是指几百万年，我的意思是数十年光景。

这么短！在可见的未来，竟存在实际检验这些思想的可能前景，

这真是动人心弦！但是，为什么埃弗雷特忽视了这种可能呢？

这个嘛，我从来没有想过！或许理由之一是他有另外的思想与量子理论相关联，即量子理论的解释应该直接来自于其表述形式。这就是说，如果你写出量子理论的数学规则，那么，他就认为只应当存在一种方法来解释这些规则。这是做了一个极强的假设。要是这个假设正确的话，那么，量子理论就是有史以来第一个具有这种强属性的物理理论了。他希望这个假设是正确的，因此，我认为他集中于他的理论预言和对手们的预言之间的相似性上面，从而强化了这样的事实，即：对手们的寻常解释要求附加的形而上学假设，而他的解释则不需要。所以，他说“我采取纯粹的表述形式，没有附加什么东西，并得到了我的解释；相反，他们（寻常解释的支持者们）则必须加进所有这些关于意识之类的东西等等”。现在，我认为埃弗雷特说得有点不对。我认为甚至在他的解释中，为了得到他的解释，人们需要一点额外的结构。但是不多——这比寻常解释中少。

你能用几个词语概括出这点额外结构是什么吗？

行。这点额外结构就是一点点数学，它把波函数（或态矢，它是描述宇宙的数学实体）与多平行宇宙概念关联了起来，我认为没有这种额外结构是不行的。但我同意埃弗雷特的这种说法，他的解释对纯工具式量子理论所附加的东西是最可能简单的。

我不知是否确实正确地理解了这一点。你在说，为了告诉我们：任何单个宇宙怎样适存于一个排列井然的巨大数目的可能宇宙之中，

埃弗雷特的附加假设是必须的，对吗？

对的，是这样。

你已经说明了多宇宙理论优越于常规哥本哈根解释的各个方面，跟其他竞争的解释相比，你认为它有什么优点呢？

细说起来，它们是相当不同的。我想你主要指的是隐变量解释，是吗？

是的，或者指其现代变体，即所谓量子势。

好的。对于量子势的一种异议是：仅仅为了解释目的，而要在量子表述形式上附加一个额外结构，而这结构被认为是与物理实在相对应的（这种附加结构远比原先的物理理论复杂）。我认为在物理学中这样做是件非常危险的事情。这些结构的引入，仅仅是为了解决解释问题，别无任何物理动因。作为一个物理学家，我宁愿说，一个为了这种理由而表述的理论，其正确性概率是极其小的。

但你不正是为了解决解释问题，引进了多宇宙吗？

这个嘛，首先应该明白，理论具有一个解释的问题，这本身是一个不可避免的问题。如果有一个更简单的解释性假设，我会高高兴兴地放弃多宇宙。但是从基本的物理定律来看，多宇宙假设事实上是如此简单，以至如我早期说过的，埃弗雷特、德韦特及其他人都曾误认为在这种解释中根本没有附加结构。它实际上是目前为止所想到的量子表述形式最自然的解释。相反，隐变量理论则是非常复杂的。其原因之一是，从贝尔定理和阿斯派克特实验得知，隐变量理论的最简单形式就是不能模拟量子理论效应。

取代这种最简单形式隐变量理论，我们需要有某种非定域隐变量理论，这就是玻姆和海利正在从事的工作。

用通常的语言来说，一种非定域隐变量理论意指，在这种理论中，影响不必穿过中间的空间，而是超越空间和时间地传播。

不穿过中间的空间？或者干脆说影响是即时传播的，或许那是同一码事，对吗？

是的，在相对论范畴内说它们即时传播，意味着它们不可能穿过中间的时空。因为如果它们能穿过中间的时空，那么，对它们的描述就会与相对论相矛盾。

他们并不否认这一点，当然，他们说，这种描述是与相对论相矛盾的。但当实际地做出测量时，所有这些测量的结果都与相对论相一致。似乎跟相对论精神相矛盾的，只不过是这机制本身。

是的。这是仅当你自愿完全退却到说量子理论只不过是一种工具的困境时的一种防卫。而且如果量子理论只不过是一种工具，那么，隐变量理论就失去了它们的主要优点。这个优点就是，正如埃弗雷特所做的那样，他们坚持客观实在性观念。

但是注意，多宇宙解释和这些非定域（或者说超光速）解释所具有的共同特征是它们都试图保持关于客观实在性的某些印迹。在这两种情形中，按照贝尔不等式和阿斯派克特实验，我仍不得不做一次选择，要么拥有超光速的信号，要么扔掉客观实在性。现在，依我看，不得不扔掉客观实在性似乎并不恐怖得可怕。为什么我们要如此强调外部宇宙独立于我们的观察呢？无疑，我们自身在实在中扮演一个角色是并不令人惊奇的，因为我们对于我们自己来说似乎是很重要的，不是吗？根据我个人的经验，我对于我们正扮演着实在的一个角色并不感到惊奇。所以，如果那意味引入像超光速信号或其他宇宙之类的复杂东西，人们为什么还要死抱着令人绝望的坚持客观实在的某些印迹的要求呢？

阿斯派克特实验迫使我们改变关于实在的观点，这一点我是同意的。不论客观实在本身这个概念显得熟悉与否，我坚持这个观念的理由是跟我过去说过的不愿变到物理学理论的工具论观点的理由一样的。第一个理由是，如果我们能够有一种理论，其中包含有客观实在，那么，这个理论便具有哲学上的优越性。因此，我们在丢弃实在性概念之前，至少应该试图去找到这种理论。其次，从科学的观点，尤其是从物理学观点，我认为向一个理论的工具论解释的转变，就不可能获得下一个理论。因为后继的理论将是从我们现存理论的本体论向前迈出的一步。情况可能是这样的：后继理论的本体论甚至更难于驾驭，它将告诉我们宇宙甚至比埃弗雷特所说的更为奇特。如果我摈弃了实在的观念，那么，我们就剥夺了自己借以构造宇宙的概念模型的机制。

只有通过改变我们现在的概念模型，我们才会发现新的理论。

我没有说应抛弃实在，但要抛弃独立于我们的实在，这正好意味着未来的模型将不得不在基础水平上把观察者并入进去。

是的。原则上我不反对这一点，但我不相信量子理论能驱使我至这一地步。或许我能再强调一次：试图给观察者在形式实在中以特殊地位的量子理论寻常解释，实际上还没有做到这一点。他们只是宣称：总有一天他们会办到。

是的。当然，不求助于宇宙外的一个观察者，他们就不可能应付量子宇宙学。

是的。如果精神不遵从量子理论，或许有一天，有人能准确地写下它所遵从的物理学定律。或许，新的物理学理论（它不会是量子理论，而是一种新的物理学理论）可能对照着量子理论予以检验。

或许如此。但是现在还没有人把它写出来！

没有。谈到寻常解释的假定的优点时（即它给予观察者以基本地位观点，这或许对你具有哲学上的吸引力），你忘记了这样的事实，即寻常解释还没有做到这一点。这只不过是一个断言，一个许诺，一个50多年尚未实现的断言与许诺。但是，埃弗雷特解释则是没有疑问的，它没有做出这些许诺而工作得很好。

第 7 章 约翰·泰勒

约翰·泰勒（John Taylor）是伦敦大学国王学院数学系教授，是许多专业著作和通俗读物的作者。他的主要研究兴趣是量子引力，但对大脑物理学也有兴趣。在这次采访中，他对量子力学的较古怪的概念，采取一种精明而讲究实际的态度，并坚定地选择统计解释。

什么是系综（或统计）解释？

这是一个与其名称相符的概念。当我们对系统中任一可观察量进行测量时，按照系综解释，我们实际上所做的是：我们正对许多相同的已有的系统，或者说对这些系统的一个系综进行测量。由此我们获得测量的一个全集，其中每一个都是对系综中具体实验的一个全同装置进行的。因此，我们的结果是关于该项测量的各种具体值的概率分布形式。

所以，你只考查统计学，而不关心任何单个事件，对吗？

对的。那确实是令人惊奇的，如果我们现在能引用爱因斯坦的话，他最终实际上满足于这种系综解释。在他所写的对批评者的答复中，他说："如果人们企图坚持这样的论点，即：统计量子理论原则上能对单个系统做出完全的描述，那么，人们就到达非常难以置信的理论概念了。但是，如果人们把量子力学描述为对于系统系综的描述，理论解释中的这些困难就消失了。"所以，我认为爱因斯坦事实上被大多数物理学家看成是量子力学测量的自然解释的先驱。量子力学测量的自然解释就是：我们对许许多多相同系统实地进行大量的测量，并取具体测量值的频率作为这些值的概率分布。

所以你根本没有描述在单个系统中正在发生着什么的意图，是不是？

不允许我们干这件事。只要考查一下各种佯谬，这就十分清楚了。如果我们考查EPR实验，这个实验实际上是阿斯派克特实验的基础，显然会出现一个佯谬。因为我们假设（比方说）对一个具体粒子的自旋做一次测量，我们也就能够测量出一个其性质按量子力学概念与该粒子相关联的远处粒子的自旋来。例如，我们可以发现附近的粒子有一个向上指向的自旋；由此，我们可以推断另一个远处粒子（如果它是一个关联粒子的话）必定具有向下取向的自旋。如果你相信你确实在测量单个系统的话，那么，这就是一个佯谬。因为似乎是你能实际地影响远处的粒子，只要通过对附近粒子做一次测量，便以某种方式确定着远处粒子的自旋。

然而，系综解释说，我们在考查着这种系统的整个系综。这系综中有50%的系统可以有（当我们测量它们时）向上自旋的附近粒子和自旋向下的远处粒子；而另外的50%的系统则有相反的自旋。但在任何具体情况中，我们不能说远处粒子的自旋是由附近的测量产生的。因为我们不知道该粒子的自旋，我们仅仅知道这类情态的种种系综。

我能进一步追问你，在系综解释中，人们是否继续坚持认为单个系统实际上具有确定性质？例如，在给定时刻一个电子实际上具有确定的位置和确定的动量，当然，尽管我们不能测量出它们是什么？

回答是否定的，电子不可能同时具有这两种属性。根据不确定性原理，我们从来测量的仅仅是一个系综的位置测量以及速度或动量测量所得的两种离散集的下界。我们决不能测量出一个具体的电子的这些量来。单个电子的这些量是不予考虑的。我认为从阿斯派克特实验中我们必须接受这一点。

但是，如果在我们做一次测量之前，电子或原子实际上不具有这些性质，那么，这似乎启示：观察者因而必以某种基本的方式被涉及，因为我们做适当的测量之后，这些粒子肯定具有确定的性质；而且，当然，我们可以选择做哪一种测量——位置或动量。

是的。但我们是通过建立系综来进行测量的。系综是我们所要测量的具体情况的全同拷贝集。

但我们可以不这样做。我们可以选择考查一个电子，比方说，测量它的位置，并找到一个位置，而且那是十分令人满意的。但是，如果我们争辩说，在我们测量它之前，它不具有确定的位置，那么，测

量本身就起着一个关键性的作用了。

人们必须非常细心地区别测量与准备，有些物理学家曾十分仔细地考虑过这一问题。

关于它们之间的区别，你能给我们做一个简单的介绍吗？

行。如果你准备一个系综态，那么，你就知道它将来会具有与这种准备相同的性质。如果你做一次测量，那么，你就能收集到恰如测量前一样的东西，在这两者之间有一个严格区别。我认为你应非常小心，不要落入测量过程总是等同于准备过程的陷阱。一旦你已经准备好了一个系统，那么，你就能开始考查你所准备的系综态看起来像什么。例如，你可以选择测量一组电子的位置。另一方面，你可以希望测它们的动量。但是，这些测量的离散集总是由不确定原理关联着。如果你准备的是处于给定位置的电子，那么，你知道，通过其动量在系综中的离散关系，电子的动量就不可能有任何确定的值了。这就是这个“四足兽”的本性。

所以，你并不相信：例如，如果我们已有了一个电子在一具体位置的一个量子态，它实际上有确定的动量，即使我们本身不能测出它来，是吗？

是的，我们必须承认；它由一切可能的动量域给定。换句话说，动量甚至不能被定义。

是的。但是，这把我带回到这样一种感觉，即如果它的动量不能确定，而当某人做了一次测量之后，它们却具有一个确定的动量，那么，看来，在把此系统从一种模糊的不确定态变到一种具体的实在中，测量行为本身是绝对地至关重要的。

啊，但是，如果你想在给定动量态中考查它，那么你就重新准备了系统。

但是，如果你把电子置于具有给定位置的态中，然后决定测量动量，当然你会得到一个具体的值，虽然，这值不可能被预言。

哟，但是，你再一次使人听起来好像你正在考查单个电子。

但实际上我们能那样做；我们能决定对单个电子做一次测量。

是的，但是，那样一来，你会知道，如果你试图测量它的动量，就会有一个无限大的可能性域。当然，对于系综中一个具体情况会有一个具体的值。

这看来似乎是观察者正在闯入。

当然。但你非常清楚，当你把一个电子放在一个具体位置时，你所做的准备，给了你一个其动量完全不确定的系综。如果现在你想考查一个测量动量的具体情况，你会得到一个具体的值，但那个值在量子力学中是根本没有意义的。在效果上，你正在准备另一个系综（如果你做许多次这种测量的话），如果你想从头开始，说你要考查那些具有给定动量的所有电子，那么这些电子就没有确定的位置了。

所以在这个方案中，当你测量电子动量时，它的波函数并不坍缩到一个具体的动量上。

不会的。你是在建立一个新的系综。你不可能在一给定地方取一个具体的电子，说你正在测量该电子的动量。因为那没有任何意义，那是不允许的。

如果你放弃了描述在单个系统上正在发生着什么的任何企图，那不是一个当“逃兵”的遁词吗？

嗯，我认为你应当问一问，如果陷进去是否比逃之夭夭确实会惹出更多的麻烦。就所涉佯谬（即EPR佯谬）而论，你显然处于极大的麻烦之中。如果你考查薛定谔猫佯谬，同样如此。这个佯谬也与一个思想实验有关。

按照任何一个企图描述单个系统行为的量子力学解释，包含猫的系统的波函数必定表明：大约一个辐射寿命之后，猫是死还是活，具有相等的概率。这意味着量子力学态是由一半时间活着的猫和另一半时间死去的猫所组成。换句话说，猫不知道它是死还是活，这是绝对荒谬的！如果你采取系综解释，那么，在50%情况中猫是活的，在50%情况中，它是死的。这种说法十分合理。

所以，如果我们取一个单个情况，问猫是活的还是死的，那么答案（或你的答案）将是：没有答案，是吗？

嗯，答案是这样的：按照量子力学，在任何具体情况中，实际上无法说出它是活的，还是死的，这是一个没有意义的问题。我们仅能说它50对50的死一活机会。我认为我们应该接受量子力学这一特点，尤其是，现在如果我们去考查阿斯派克特实验的话，因为在实验中我们看到了量子力学与该实验结果相一致，而任何其他的解释都不令人满意。一个可能的例外是非定域型解释（如玻姆与海利的解释），但是，你应该非常仔细，因为出现了许多新的特征。

如果你在寻找与阿斯派克特实验结果相一致的量子理论的其他替代方案，那么，这些替代方案必须处在超越量子力学到达所谓量子场论时所已经取得的成就的水平之上。量子场论是一个全新的技巧袋，它在说明我们在自然界中所看到的东西方面，取得了一系列的成功，其精确度至少达到了百万分之一。用其他方式说明量子场论的一片片成功领域，几乎是不可思议的。

例如，你会想到量子电动力学。1940年末与1950年初，它的一个伟大成就就是理解了为什么氢原子中有非常微小的能级位移，这个位移是用普通量子力学的术语说明不了的。这些能级位移仅能用涉及虚光子、虚电子及虚正电子的虚过程来说明。“虚”意指实际不存在于我们的现实世界之中，因为我们不能直接观察到这些虚粒子。然而，量子场论却非常精确地预言这些虚过程的效应，而且，其结果至少在百万分之一的精度上，与观察到的能级位移相一致。你怎样用量子力学的替代方案去复制这一惊人的结果，我是恍惚得很。

沿着这个思路，让我们转到近来关于W和Z粒子（即中间矢玻色子）上。这些粒子是被一理论预言的，这个理论把电磁现象与辐射现象统一了起来，它是量子场论的直接产物。只有通过审视量子场论的内涵，我们才会导致这些粒子的存在，并预言它们的质量。所有这些，都已被欧洲核子研究中心的高能粒子实验所证实。要说量子力学的任何替代方案本来就可以做到这一点，我看那是不可信的。

接下来，有一些我认为是甚至更为基本的问题；不是精确度问题，而是原则问题。例如，经典力学不能描述粒子的湮灭和产生，而我们在粒子加速器中时刻都观察到它。到底怎样用经典述语来描述它呢？再多的非定域量子势或你所有的什么东西，也说明不了物质怎么能产生和湮灭。

所以，你是说，量子力学提炼为量子场论给人的印象十分深刻，它对于现代粒子物理学的广大领域，给出了一个非常令人满意的描述；如果我们不维持量子力学的传统观念，它就会崩溃，是吗？

是的，我愿说用确定但不可控制的或隐蔽的量去替代不确定的量子力学观察量的任何企图都注定要失败。我认识许多物理学家，他们在其学术生涯中一直企图用经典方法去取代量子场论的这些令人惊奇的成就。几个人突然提出这种想法，他们全都失败了，当量子场论的成就越来越大时，他们的失败变得越来越惨重。而与此同时，我们看到诺贝尔奖金授给我们的那些同行们，他们在量子场论方面取得了成就，特别是在统一自然力方面取得了成就。现在，对我来说，要看清别的研究道路是非常困难的。量子场论的研究途径几乎是无可匹敌的。

通过以上阐述，人们可以得出结论：阿斯派克特实验不需实施，因为应用量子理论迄今为止所取得的成就事实上已经保证了对于这个理论的确证。如果你想要以量子场论为基础的所谓色散关系去理解我们已获得的定域性，那么，也没有必要做阿斯派克特实验。高能散射实验已经证明，在光子内部10^{-12}厘米的距离上仍须保持定域性。想像定域性不成立，是绝对不可能的。

这么说来，阿斯派克特的结果没有使你惊奇！

可以说，没有。当然，本来可以使人吓一跳的。但是，我想起了爱因斯坦，他说过，上帝是隐蔽的，但无恶意。

我可以把你带回到薛定谔猫佯谬中去，并且问问你：在系综解释中，当我们不可能知道的时候，猫究竟是活的还是死的？即使我们永远找不到答案，人们应不应该考虑在实际情形中猫是处于活或死的状态之中？

这个嘛，我们总能把答案记录下来。猫本身知道它是活还是死，我原想过，在这里避开佯谬的唯一方法是说不允许我们在任何具体情况中给出答案。我认为这涉及意识的本性问题。在量子力学测量过程中意识重要吗？我想许多物理学家一直断言它是测量过程的一个至关重要的特点。

是的，你认为观察者以一种基本方式被卷进测量过程之中吗？

不，因为依我看，我们也能用机器、照相机、录相带以及在这里为这个具体节目而运转的录音录相设备等方法进行观察！我根本看不到与意识有什么相干。

我想这或许把我们带到这样的问题，即：为了说明超感官的感知，为了说明跟瑜伽术、汤匙弯曲、传心术、先知先觉等相关联的现象，以及为了说明那些当然具有广泛兴趣的（例如，从人死后精神不灭观点看，那是极引人入胜的）特异事件，量子力学是怎样被误用的？所有这些都与意识是否在基本物理现象中起作用的问题相关联。如果意识重要，那么或许可以用我们的精神去控制微小的物理过程，从而说明气功、汤匙弯曲和其他奇异现象何以可以出现。如果意识与此不相干，那么这种可能的联系似乎就被割断了。

阿瑟·科斯特勒在他的《巧合的基础》（*The Roots of coincidence*，Hutchinson，London，1972）一书中争辩说，因为量子力学似乎具有跟EPR实验及薛定谔猫佯谬相关联的异乎寻常的特征，因此，其他异乎寻常的现象也可能在世界上出现。我认为这是一种非常危险的似是而非的论点。

联想罪？

是的。但是，当然，虽然在我们已描述过的高能物理中我们已取得许多显著的成就，几乎没有什么证据来说明任何一个异乎寻常的现象。高能物理学是非常精密的、无懈可击的工作领域；而且，我宁愿说，根本没有坚实证据去说明超感官感知。

现代量子理论精神表现得相当适合于古代东方神秘主义，许多人对此一直有着深刻的印象。所以，完全撇开特异功能现象，你认为神秘主义思想在现代物理学里有何价值吗？

没有。我认为根本没有价值。事实上，我对这些发展深感震惊。在我看来，似乎有大量暖昧与含糊不清的思想包含在东方神秘主义之中。不管现代科学怎样发展，神秘主义都可以说："啊哈，我告诉过你如此这般！"这相当像在做圣经上同样的练习，从中找出一些词句来，并说"啊哈，这包含了詹姆斯·乔依斯的全部著作"。这种说法是绝对荒谬可笑的。现代理论物理学的精细程度超越了东方神秘主义延伸下来的任何东西。但是，如果这些神秘主义思想被用作进入现代物理学的入场券，那么，它们可能是有价值的。但仅当用作通向更大精度的真实事物的台阶才有价值。

说得好。你曾说过，你并没有见到意识与量子理论相干。但是，却有许多量子力学的竞争解释，在其中，意识以一种基本的方式被涉及。魏格纳解释就是一例。此外，还有诸如多宇宙解释等别的一些类型的解释。现在阿斯派克特实验实际上不排除这些替代解释，因为它们纯用作解释，从而与量子理论的所有已知结果相一致。更有甚者，他们还企图说明在单个情况中在发生着什么。换句话说，他们似乎超

越了系综解释所能做的范围，提供了关于系统的更完全的信息，并制服了那些佯谬，对此你有何看法？

嗯，如果他们真正令人满意地制服了佯谬，那么，我会是高兴的。但我不相信他们办成了。我非常怀疑意识解释，主要是因为它在无限回归中涉及意识。我也看不出为什么意识如此特殊，因为它所需求的一切就是众多神经细胞的一种聚合。其实，意识涉及大量的细胞，以致很难看出量子效应还能有意义。这种效应涉及相当微小物体中的种种不确定性。

就多宇宙解释而论，我总觉得不满意它们对各种佯谬（EPR佯谬、薛定谔猫佯谬）的回避。至于实质上是处理隐变量或不可控制的变量的种种解释，我宁愿说它们甚至不可能达到现今的量子场论。

但是，在为多宇宙理论辩护中，我认为它们的支持者们会断言：诸如薛定谔猫那样的佯谬是容易解决的，因为在任何一个具体情况中，如你问猫是活的还是死的，答案有两个。在一个宇宙中猫是活的，在另一个宇宙中猫是死的，这似乎是完全令人满意的解释。在系综解释中，答案是……嗯，我不能回答。

对不起，我不认为那是令人满意的。我真的必须承认我觉得多宇宙解释是稀奇古怪的，它不是令人满意的。我很抱歉，我是一位死板的物理学家，既然谁也没有关于什么在别的宇宙中进行着的概念，它们就不应该被带进物理学之中。

多宇宙解释当然确有另一个优点，那就是：它可以使整个宇宙的量子力学的观念（即量子宇宙学）变得有意义。至于在系综解释中，那不会给你带来困难吗？由于我们仅有一个宇宙，我们怎能谈论整个宇宙的量子力学呢？

嗯，我想这是一个问题。但是，如果我们有一个无限广延的宇宙（即它是空间无限的），那么，这就是一个可以正视的问题。因为那样一来，我们仅能想像做些定域的测量。在一个无限大广延的宇宙中，我们永不能指望测量它的整体。我们在实验室的有限范围内做种种测量。指望我们可以有一个波函数去描述一个无限多宇宙的系综，我认为那确实是奢望太多，超出了我们的理解力。

这么说来，量子宇宙学实际上是个无启动者？

嗯，不，我不是说这个。因为我们可以有描述整个宇宙的波函数，但我们仅能测量其中一点儿，所以，系综解释仍可以起作用，条件是要有一个无限广延的宇宙。如果宇宙大小有限，那么，可能就有问题了。在这种情形中，人们可以设计一个覆盖整个宇宙的实验室。所以，实际上，通过观察遥远星系的减速，如果我们发现宇宙事实上又在坍缩（因而大小是有限的），就量子力学解释的系综本性而言，我们就可能陷入麻烦之中了。可是，多宇宙解释的困难在于带进如此众多我们决不会发现的附加物，你决不能在其他宇宙中工作。

当然。多宇宙解释的支持者们会再一次争辩，虽然宇宙的物理上不同类的集合体可以表现得具有一种相当庞杂和难以控制的结构，不

过，理论的认识论是极其雅致而苗条的，因为我们无须做许多假设。

但所做的假设是如此稀奇古怪，以致我会说它根本不苗条，我还会重复地说，除非你实际观察到那些其他宇宙中的东西，否则它们就不应被引进来。你知道，在系综解释中，人们说我们仅能获得有限的信息。但在多宇宙解释中，人们说存在多得人们不能获得的信息。那是因为大多数信息（其实是无限多的信息）存在于其他的宇宙之中。

所以，实际上你在说两种解释都丢弃了信息，在系综解释中，我们简单地说不能回答单个系统的问题，在多宇宙解释中，不能回答关于其他宇宙的问题。

对。是这么回事。我宁愿选择少量信息，而不要那些永远不能发现的信息。但是，如果那样，我甚至不愿称它为信息，我会称它为幻觉。

第 8 章
大卫·玻姆

退休之前，大卫·玻姆（David Bohm）是伦敦柏克贝克学院理论物理教授。30年来，他一直是世界公认的量子力学权威，他以现代形式表述了EPR实验。在其整个生涯中，他一直是隐变量思想学派的倡导者，并写过许多文章企图表述一个细致的理论。最近，他与他的合作者巴席尔·海利一起，在“量子势”思想的基础上建立了量子力学的非定域理论。玻姆还以对现代物理学做哲学思考而驰名。

你能说明你的解释与量子力学的玻尔哥本哈根解释怎样不同吗？我想，我们可以把它称为正统观点吧？

是的。不过，实际上没有非常明确的正统观点。我宁愿说有几种变体，但共同的思想是，量子力学不可能描述“实在”——就是说，所发生的东西是一种自参考过程。你知道，如果我说某种东西“实际发生”了，那么，量子力学仅能描述在一个测量装置中所能观察到的东西。

难道我们能观察或测量到的东西，不就是人们从一个理论中所需

求的全部东西吗？

这个嘛，如果你预先假设那就是你所需要的全部东西，那么，回答就是肯定的。但是这种观点有一个困难。哥本哈根解释仅给出描述在一套装置中所能观察到的东西的概率公式，而这个装置本身被假设是由与我们所研究的对象完全同类的东西构成的（即粒子遵从量子效应）。

这种东西是原子吗？

是的，是原子。因此，如果你想讨论装置的存在，原则上，你就应该用另一套装置去考查它，如此，等等。

这就是著名的无限回归吗？

是的。现在魏格纳说仅当有人觉察到一个现象时，它才是真的"实在"，他用这个办法终止了这种回归。

你对这种具体解释感觉如何？

依我看，它是考查事物的一种方法。我个人的看法是：存在一个这种解释为真的区域，特别是在人类关系中；意识到相互依存的人们可以有巨大的相互影响。但我不认为对于物理学家们在实验室中工作的种种实验情况而言，真的如此。依我看，在这个水平上，宇宙是独立的实在，而我们则是它的一部分。

你认为就某种意义而言，外部世界是独立于我们存在、独立于我们的观察而存在的吗？

每一个物理学家实际上都这么看的。例如，谈及宇宙在有人对它考查之前（也许上帝除外）就在演变着。除非你想像贝克莱大主教所做的那样，把宇宙归结于上帝（大多数物理学家都不想这么干），你就不可能解决这样的问题：没有物理学家或其他什么人对它考察，宇宙怎样存在呢？

据我所知，爱因斯坦与玻尔之争在于，爱因斯坦坚持，我们的观察只不过是揭露已经存在的实在；而玻尔则说，我们的观察实际上创造实在。所以，你更接近爱因斯坦的立场，是吗？

这就不好说了。因为玻尔甚至并没有说那样的话。他说，我们除跟现象、表观以及现象的规律性打交道外，别无其他。实质上还说：归根结蒂，实在是暧昧不清和不可指明的。

但是，你会发现你自己更与爱因斯坦的观点相一致，即认为我们的观察揭露着一个就某种意义而言已经存在着的实在，是吗？

这个嘛，我已经将自己置于爱因斯坦和玻尔之间了。我认为，存在一个领域，在那里我们的观察确实产生实在。如在人类关系中：当人们变得相互意识到对方的存在并且相互沟通信息时，它们就产生社会存在。但我认为作为一个整体的宇宙并不依赖于我们那样做。

依我看，采用这个观点，你就从宇宙中摈弃了精神。

不，我说精神是实在的，精神可以是非常实在的。我特别说过，在人与人之间，精神有巨大的效应，它影响着人体，它影响着人类之间的种种关系，它影响着社会。

但它不影响原子，是吗？

我不认为它对原子有重要的效应。至少人类精神对原子没有影响。或许你能采取这样的观点（如贝克莱大主教所持的观点），即：上帝的精神创造万物。但如若如此，我们就肯定不能把自己等同于上帝了！

你在《整体性与隐序》一书中谈到，这个整体性涉及精神和物质（存在于我们周围的物质）两者，你可以说一说精神和物质怎样一起适合于这个整体性观点的吗？

可以。你指的是隐序。或许，我可以先谈谈笛卡儿，他对精神和物质做过区分。他说，存在我们称之为精神的思维物质和我们称之为物质的扩展物质。现在它们是如此之不同，以致很难理解它们怎么可以相互关联着的。你知道，我们的思想没有广延性。

是的。比方说，你不可能找到思想定域在空间什么地方。

对。所以笛卡儿提出，上帝把种种清楚和不同的思想安置在人的精神之中。上帝有能力做到这一点，因为它创造了精神和物质二者（人以及每一件别的东西），因此他可以把这些思想安置于人的精神之中，使得人能够理解扩延的物质。如今用上帝来说明事物的观念已经被人抛弃了，于是就没有什么东西留下了。精神和物质全然无关地被遗留下来。然而隐序（未拓展的序）表明精神和物质仍然可以以一种类似的方法被考查。量子力学可以理解未拓展的精神和物质。

我可以要求你解释一下，隐序（或未拓展的序）是什么意思吗？你能举一个简单的例子吗？

可以。最简单的例子是，如你折叠一张纸，并在纸上画一个图案，然后把它拓展开来，你就得到各种新的图案。当纸被折卷时，该图案是隐蔽的（在拉丁语中，“隐蔽”一词实际上意指“未拓展”），因此，我们可以说图案是未拓展的。现在量子力学启示我们：这就是现象的实在从一个隐藏于其中的更深级序中产生出来的一种方法。实在拓展开来以产生显序，然后又卷入到隐序中去。实在以这样一种速率不断地拓展和卷入，以至看起来它是稳定的。现在你可以说我在主张思想、感情和精神以类似的方式工作着。我们说一个思想是隐的，这一事实本身就意味着这个思想包含着另一种卷入了的思想，对吗？

是的，但是，在什么中间拓展呢？我们的思想在什么中间是卷入了的呢？

暂时我要回避这个问题。我想先说明思想和物质之间形式上的相似性，这是笛卡儿所没有做过的事。他的信念等于是说：思想是卷入的而物质是广延的。可是，我说二者都是卷入的，同时又是广延的。因此，它们的基本结构是相似的，尽管在别的许多方面它们可以非常不同。它们在基本结构上的相似性使我们得以理解它们相关的可能性。

你所说的东西，我听起来非常象是东方哲学。或许禅宗的学生们会找到这些非常类似的概念。你是否看到了你在这个主题领域内的想法支持了东方神秘主义？

嗯，也许如此。但是，我认为这种卷入的概念在西方也一直是有的。你看，库萨的尼可拉斯[1]在几个世纪以前就提出过类似的概念。他有三个词implieatio（卷入的）、explieatio（拓展的）和complicatio（全卷入在一起），他说实在具有这种卷入结构：永恒性既拓展着时间又卷入（即隐含）着时间。现在，我认为我们不应该把事物分为东方的抑或西方的，而应考查这些思想本身的优点。我认为量子力学特别提示这种隐序。如果你像我做过的那样去考查它，以那样的方式去考查量子力学，你就会开始对量子力学的某些奇异性质赋予意义。

你能说说为什么吗？量子力学的哪一个至关重要的特点导致你相信了隐序思想？

嗯，那是波粒二象性：你可以说某种东西既能拓展成一个似波的实体，又可拓展成一个似粒子的实体。量子力学的数学（如果你仔细

1.库萨的尼可拉斯（Nicholas of Cusa，1401—1464），德国的神学家与哲学家。他曾主张理事会高于教皇，后来放弃了这种观点；他努力把数学用于哲学；他先于哥白尼讲授地球是圆的，不是宇宙的中心。——译者注。

地考查它）就对应着这种卷入。你看，它非常类似于全息中的数学。

刚才，我正要提出全息似乎是隐序（或卷入序）的非常好的例子。

是的，那是最好的例子之一。在那里，我们见到一个图案卷入于照相底片中，当我们用光照在它上面时，它又拓展成一个可见的像。全息照相底片上的每一部分都包含着整体的信息。所以，整体是由每一部分拓展开来的。

所以，你的关于原子世界的观点是，所有关于一个具体物理系统的信息是以某种方式在某处被编码的，但它编码的方式难以理解，以至通常我们没法破译它。

是的，当我们以普通的方式考查它，根据定义它肯定是难理解的，因为我认为当我们在大标度上做考查时，所有的密码（如DNA中所发现的）是很难理解的。

如果我们考查一个粒子的位置和动量这一著名情况，按照海森伯不确定性原理，我们可以选择定义其中的这个或那个，但不能同时定义二者。

对的，我们可以将这些性质编码以至允许其中这个或那个拓展开来。

但是，你是不是说，在实在中这两个量均有明确的意义，确定的

数值。不过，不知怎么地，我们在实验中仅能测出其中的一个来？

不，这种说法不准确。你知道，显序的另一个例子是一粒种子。如果你取一粒种子，含有密码信息的是这粒种子，如果把它放进地里，那么，所发生的情况就是：一棵植物的物质就从空气、水、土壤以及太阳能那里演化出来，这些物质正是以它们的寻常方式运动的。但是，由于这颗微小的信息种子，这些物质开始变成一棵树，而不是它们本会变成的什么别的东西；现在树又可以产生可变成另外一颗树的种子；如此继续下去。现在，你肯定不能说树存在于种子之中了，因为生长起来的一棵树（它的形状和大小）不仅取决于种子，而且依赖于整个环境。如果你现在走进森林，会看见树群正在不断地成长、死亡以及被新的树群取代。如果你每100年走访一次那个森林，那么，你会说，树群似乎从一个地方移到了另一地方。事实上，它们是连续地拓展与卷入着。这就是我要给出的在最基本的水平上物质运动的图像。我想说，生命精神以及无生物都有这种相似的结构。

现在，据我所知，已知的实验中没有哪一方面不可运用量子力学令人满意地加以说明，你不同意这个看法吗？

我不同意。这个看法招来了问题。如果物理学的目的仅只为了说明实验，那么，我认为它就不会像迄今为止的那样令人感兴趣了。我的意思是，你为什么要说明实验？你乐于说明实验，还是别有用心？

这个问题嘛，如果我能冒昧地摆出我的见解的话，我认为物理学家关心制作模型，我们制造出关于我们这个世界的种种模型，以利于

把一类观察与另一类观察联系起来。我们既有一些好的模型也有一些不好的模型。不存在什么诸如一个“真实世界”之类的事物，即没有什么东西是“外在地存在”，而我们的模型只是对于它的种种近似。我们所能不断做的一切就是观察，我们还能向物理学家要求什么别的东西呢？

我认为观察和实验是受我们思维方式指导的，我们所提的问题也是由我们的思维方式决定的。千万年来，人们不曾向自己问过正确的问题。在量子理论中，我们正在询问一类确定的问题而且正得到一类确定的答案。你知道，通过限制自己于这种思维方式，我们可能把自己置于一个陷阱之中。

所以，你认为对于微观物理学的论题采用一种新的思维方式，一种新的研究方法，我们或许建立起非常不同的一组问题，或许以一种非常不同的理论而告终，是吗？

啊，是的，这种情况以前发生过许多次了。如果你回到行星运动的主题上，你就会看到：古老的周转圆思想引导人们提出一些确定的问题，后来，牛顿定律又引导人们提出一些非常不同的问题；统计力学导致一组问题；量子力学则产生另一组问题，如此等等。人们所提的问题主要是由理论、由理论的概念确定的。

但是，随之而来的，通常是用一个具体的方法去研究一个具体的论题，直到出现了某种不适合于该理论框架的实验时为止。

我认为那是预先假设了那是唯一的方法。你也许不得不碰壁200或300年，才会改变你的观点。例如，我想50年前非定域性就是明显的事了，但现在却仅只有非常少的物理学家意识到它的存在。如果他们再碰上50年壁的话，或许有更多的人会意识到它的存在。

让我们多谈一点非定域性。我想问一问你，对于阿斯派克特实验有何反响，这个实验是近来才实现的。就我的理解，承认阿斯派克特实验，我们就必须做出二中择一：要么放弃我们可以称之为客观实在的东西（即独立于我们观察而存在的外部世界）；要么放弃定域性（粗略地说，即这样一种观念：宇宙的不同区域不能相互传送超光速的讯号）。你准备放弃这二者中的哪一个呢？

我完全准备好了放弃定域性，我认为它是一个任意性假设。我的意思是，在近几百年里，它一直被人们所过分强调。如果你返回1000或2000年，那么，你就会发现几乎每一个人都是非定域地思考问题的。

但是，我们现在不会堕入诸如可以跟我们自己的过去通话的佯谬之中吗？

不会的。仅当我们假设现在的理论是最终理论，才会如此。以不同形式提出问题，你就不会陷入这些佯谬之中。这就叫作考虑以种种新方式对事物做考查的全局性观点。

所以你要放弃狭义相对论，是吗？

我没有说放弃相对论，我是说它是对广泛得多的观点的一种近似，恰如牛顿力学是对相对论的一种近似一样。

但是，你肯定会接受超光速信号的概念。

是的，我接受这个概念，同时，它与已做过的任何实验也不发生矛盾。

你能设想检验你的理论的这种非定域特性的任何新实验吗？

还有点为时过早，因为我们处在一种特别的情形中，正如几千年前德谟克利特提出原子假说时一样。如果那时你说，我们不会考虑它，除非我们能提出一个实验证明这种假说。那样一来，这个假说的提出也就会是这个思想的终结了。即使当时有人天资非凡，提出了一种实验方案，当时也没有可供利用的设备，能使实验付诸实施。尽管如此，德谟克利特的思想仍然是有价值的。

所以你是说，事实上，我们不仅不能检验这种超光速信号，而且也不能臆想出能够做出这一检验的一种方法来，是吗？

我认为在你能够做某件事之前，必定会对一个观念有一段长时间的斟酌。如果你说："我仅在你提出实验时刻才想某一事情，否则，我不想它。"你怎么会提出任何新的东西呢？要能够看清楚可以做哪类实验，常常要花许多年的功夫。为了提出一个实验以能充分揭示原子论的内涵，花费了2000年的时光。所以，你会说什么呢？你想说除非突然间有一个关于实验的想法冒出来了，谁也不会去想它的，是吗？如果没有人想它，实验绝不会做出来的。

但是，你是否认为利用量子效应，并且在分离的系统之间造成超光速的接触，总有可能向过去发送信号呢？

不行。我认为按我的方式表述这个问题，不会出现这类佯谬。仅当你说相对论是绝对真理时，才会出现那些因果佯谬。

这个超光速信号究竟是怎样产生的？

嗯，你知道，这需要做点历史说明。1951年，我提出了量子力学的另一种解释，一种取代解释。到达这种解释有两个阶段：首先用于粒子，然后用于场。在第一阶段中，我说过，一个电子本质上为一个粒子，但是它除了具有诸如电磁势之类的所有其他势之外，还有一种新的势，当时我称之为量子势。

粗略地说，我们是否可以把量子势想象成在电子周围摆动的某种东西？

是的，量子势具有一些新的性质，首先是它的效应不依赖于其量值，仅依赖于其形状。所以，它可以在长距离上有大效应。这样一来，我们就能够说明，比方说，双缝实验。

当然，通常是利用提出穿过双缝的两个波之间的干涉来说明这个

实验的。

那没有说明，那只不过是描述。如果你说它是波，那就是一种说明了。但是，由于电子是作为粒子到达的，那不是说明，那只不过是一种谈话的隐喻法，对吗？没有说明，我们应该说量子力学不说明任何东西，它只不过为某些结果给出一种公式。而我企图给出一种说明。

量子势怎样说明干涉？

这么说吧，量子势（它作为一种波而被携带着）可以影响粒子，哪怕在离缝相当远的地方。其原因是我说过的，量子势的影响由其形式决定，而与其量值无关。既然第二个缝开启时的量子势（或波）与该缝关闭时的情况很不相同，则穿过的粒子在即使离开缝很长距离也能够被量子势所偏移，以至产生了这些干涉图样。这就表现出一种崭新的整体性。就某些方面而言，我同意这种整体性是与玻尔所说的相类似的，但是，我建议对这种整体性给出一种说明。

所以，这种波或势中携带的部分信息就是实验安排？

实验安排，是的。还有系统中所有其他的粒子的态，等等。所以，你因此而有了我称之为一种非定域关联的东西。这种信息带来了关于整体性的崭新性质，即：每一部分现在都以一种反映出整体的态的方式运动着，在寻常环境下，这种关联可能是非常微弱的。但在特殊条件中，它可能变得十分强烈，如超导性，以及我刚描述过的双缝实验，等等。

你多年前引入的这种波，显然不同于当我们谈论物质的波动性时所熟悉的那种波。

不同。它是一种新的类型的波，我们称之为“主动信息”。我们从计算机那里已经熟悉了主动信息这个概念。此外，如果我告诉你某件事，你就去做某件事，那显然就是主动信息。如果我高喊“着火了”，每一个人都会行动起来。所以，我们知道，在生命智力系统以及计算机中，主动信息是一个有用的概念。现在我所提议的就是：物质，一般不是那样地不同的。

我们熟悉其他类型的势，如电子势与引力势。怎么把你的量子势与那些势相比较呢？

要比较嘛，你可以看到它们的相似之处，即量子势也遵从一定的方程，虽然更为微妙一些。它们的差别在于：量子势不必随距离的增加而衰减，它的效应是主动的，与势的强度无关，仅由形式决定。

所以，在物理学中实际上没有什么别的东西像这种势，是吗？

是的。但是，我们经常处于这样的情景之中，即原先没有的东西，被人引进来了。

你前面曾暗示过，虽然量子势思想对于超光速信号的概念是接受的，但它不与现在我们所有的实验结果相冲突。你能告诉我们，这怎么可能吗？

可以。要回答这个问题，就要把量子势概念扩展到场情形中去，这个场就是整个宇宙的场，我称为超量子势。这需要做些说明，但是基本说来，超量子势将引起不同地点的场之间的一种即时关联。因为人们能够证明：在量子力学的现有系统中，所做的种种实验的统计学，仍会表现得与相对论一致。所以，在任何实验中，超量子势都不违背相对论原理。

就是说，禁止超光速的信号传递，是吗？

因为我们反正仅使用统计的实验，所以没有办法发送信号。

我们控制不了超光速传播的影响吗？

是的，你说得对。只要做现有类型的实验，相对论就仍然有效。但是，如果我们可以设法得到更深层的东西，那么，我们就可能发现有某种超光速的东西。你看，那时我们就会说，相对论与量子力学有相同的极限，即统计学极限。

对于超光速信号传送的一般非议是这样的：如果我们能够编码并传送信息，那么，就会导致种种佯谬。而现在你说基本上我们控制不了微观世界，由于量子现象的不可预示性，每一件事物都模糊化了。是这样的吗？

是的。人们甚至可以证明：没有办法得到任何不一致性，并且，如果我们有了对于更深层事物才成立的某种东西，那么，我们就能超越这些极限。

似乎有点讽刺意味，如果不与爱因斯坦的狭义相对论相矛盾，你至少对它做了猛烈的修改，你或许是在反对原有理论的精神。你认为爱因斯坦对此会做何想法？

你说得对，我不认为任何人必定能够期待每一件事都能按他所期待的方法发生。对于爱因斯坦来说，确实有几件事情是按他所预料的方式发生的，但是，他不可能在每一件事情上都是正确的！

反对使用你的量子势的一个论据是：它听起来似乎是非常复杂的东西，即它没有一组简单的方程。比方说，就像电场所具有的那样。

方程组就是既适合单体问题又适合多体问题的薛定谔方程组。大自然告诉我们，电场的简单概念是太简单了！我企图要阐明的一点是，大自然具有一种接近于精神的复杂性与微妙性。我试图要说，我们关于自然的观点太简单了。

你认为这或许是由于牛顿的还原论传统，把世界劈成许多小块所致吗？

对了。我不知道这背后有没有牛顿，但是，那些追随他的人肯定是这样干的。

然而，你会觉得你更同情综合观或整体观，在这种观点中，人们

必须考虑整个总的系统，才能理解它的任一组成部分。

对，是这样的。我高兴你把它提出来了。因为我们现在应当问一问："我们怎样说明在普通力学中能够把世界分解为独立的许多部分？"答案是，当波函数具有某种我们称之为因子化（这是一个数学术语）的性质时，我们就发现各部分行为是独立的。在普通环境下，这是一种好的近似。但是，量子力学的实验是这样设计的，以便能产生出其中波函数不是因子化的种种情况来，所以，这些实验可以展示出整体性来。

我可以返回到阿斯派克特实验中去吗？你说当光子反向而行并分开得相当远时，它们的合作可以归因于一个超光速信号穿过它们之间的空间吗？

我认为"信号"这个词是用错了的。因为信号有能传送消息的含义，在这里不会是那种定义，而是另一种联系，我喜欢运用"相关"一词。你可以看到：一种相关性建立起来了，使得在一个粒子上发生的事物会影响到在另一个粒子上所发生的事物。现在，常规的量子力学并不说明阿斯派克特实验，它只不过给你一个计算系统（该实验的种种结果）。你知道，我认为应该把说明与计算系统区分开来。而量子力学是一种能使你预言种种统计结果的计算方法。但是，它没有说明。而且玻尔强调过，不存在任何说明。

但是，在物理学中总存在着说明吗？我的意思是，难道我们不是仅做出种种简单模型并发明了它们的语言吗？

但是模型说明着事物，即模型说明了事物是怎样发生的；说明使事物易于理解。量子力学说：大自然除了像一种计算数学之外，是不可理解的。你所能做的一切就是运用方程进行计算；并且，操作你的设备，比较种种结果。

你能想象出另外一个物理领域，比方说，一个简单的领域，在那里，你认为我们实际上有说明？

能。就其为正确的而论，许多经典物理学都给出了一种说明。

可是，是以什么方式呢？难道它不就是把种种观察关联起来的语言和模型吗？真正的说明在何方？我们使用着“说明”这个词，但是在我看来，它似乎相当无意义，你实际所做的一切就是把观察成功地关联在一起。

我不这样看。你知道，我认为观察是第二位的事务。我不能理解在现代物理学中为什么如此强调要把观察放在首位。我认为这是对观察所采用的实证主义哲学。你必须承认，这一哲学多半是本世纪开始的。如果你返回去200或300年，每个人都会理解什么是说明，谁也不会理解实证主义者所企图干的事。

那倒是确实的。但是，假设我们考查一个具体例子（如，为什么苹果下落？）而且我们说明就是因为存在引力场，地球对苹果有作用。那样一来，我们仍然留下一个说明引力场的问题。

对，但是我们至少对实际发生的事情给出了一种说明：我们说有一个苹果，它沿着一条路线运动；我们理解了苹果怎样通过一系列中间步骤从这里跑到了那里。现在如果我们考查量子力学，我们会说那种说明跑掉了。我们有一个苹果在这里，有另一个苹果在地上，我们没有关于这个苹果怎样与另一个苹果关联起来的观念，我们甚至并不知它是否会发生，但我们有一种算法，它给出许多苹果到达各个地方的统计学，这类似于保险公司说的我们有一种统计学，它告诉我们在某一年内某一类人中有多少人会死去。而这就是我们所关心的全部！但是，那不是一种说明。

但是，如果我们回到苹果的情形中去，并且纯经典地考虑这个问题，那么，归根结蒂，我们仅能对苹果做观察，测量出在各个时刻它在什么地方，等等。最后，如果我们有了一个成功的理论，那么，它就会把这些观察关联在一起。

我认为那是第二位的事情，但更重要的是，一个成功的理论的确会对于什么在发生着给出一个概念。

哟，它给出一个概念，它给予我们关于什么正在进行着的简单图像：苹果沿一条连续轨道落向地面，但是，这个图像不只是一个幻觉吗？

你这么说，那么，什么是计算呢？

计算是一种模型，它使我们把这些观察关联在一起。

为什么你要把它们关联起来呢?

因为在我看来,物理学就是关于对世界做观察的学问。

为什么它是关于做观察的学问呢?我的意思是,它是始于几百年前的一种思想。人们坚持这个观点,是因为他们的教师教导他们这样做,但是,你为什么说这个呢?

要我说嘛,因为对于实验物理学家来说,对世界做出测量是他们的职业。

但是,物理学并不纯粹始于实验,它始于人们的提问。我的意思是说,如果没有人提问,就不会有实验。人们对于世界感兴趣,是从一个广泛得多的观点出发的。

这产生了波普尔的关于我们可以把什么东西视为科学的思想。他坚持认为;你必须可以证明理论是一种潜在地可以证伪的东西,而这依赖于能做出可能与理论相矛盾的观察。

那是波普尔的想法。我是说,为什么我们要把他当作权威?人们有着各种各样的想法。波普尔提出一个有某种优点的想法,但它不必是绝对真理。如果有人说,关于什么是科学,波普尔已经给出了绝对与最后的定义,那么,我为什么要接受它呢?

因此,概括起来,我认为在没有任何相反实验的情况下,我们在

这儿的全部争论实际上是不同的哲学立场问题，是吗？

是的。说起哲学，哲学一词原意爱好智慧，现在它变成了一种技巧。我还认为我们时代正堕落成把每一件事都归结于种种技术，它把每件事的意义抽掉了。我认为人们已经堕入了唯技术论，并且，每一件不适于技术论的事情都是无结果的。你必定注意到这是历史发展的产物。你不能把它看成绝对真理。

虽然，我们坐在这里讨论我们可以称之为哲学的东西（关于量子力学的概念基础有大量的讨论，在我看来，它们是纯哲学性的）。虽然如此，如果我没有错的话，你确实预见到将来某个时候（我不知道将来什么时候）会做出一些实际实验来；它们将会暴露量子力学现在解释的种种弱点。

是的，但我认为，任何基本的新实验都是从哲学问题产生的。回顾历史，在古希腊，科学有很大的臆测性，然后，人们通过引入实验来修正这种臆测性的科学。现在，我们走的是另一条路，并且说实验是科学中唯一存在着的东西。所以，在效果上，我们已经走到相反的极端。科学确实涉及几样东西吗？它涉及对于种种思想的洞见，而且这种洞见先于实验。如果你拒斥哲学，你就把这些东西也都拒斥掉。现在，唯一可利用的洞见是通过数学：那是人们允许自己自由行动的唯一地方。人们无须实验，可以尽其所爱地玩弄着数学。几个月前我看到《纽约时报》上一篇文章，他们说，我们有超引力，并说它看来是有希望的，但在20年内，我们不可能说出任何肯定的东西来。所以只要它是数学就无人介意。人们相信数学是真理，但任何别的东西都不是。

的确如此。数学的雅致性确实是人们用于支持一个缺乏实验的理论的准则。

但是，是否允许数学的雅致性，就不允许概念的雅致性呢？每一个物理学家至少有一种隐含的哲学，但现在一般公认的哲学是极不雅致的，它实在是粗糙的。

但是，请原谅，我老是问你这样的问题：你是否觉得将来有可能做实验来辨别这些不同的解释呢？

我认为将来会有的。但是，如果不首先在没有实验的情况下认真考虑这些思想，就不会有那种实验出现。

但是，在现阶段，你思想中并没有任何具体的实验，是吗？

是的，但我试图说，如果每一个人都采取那样一种态度，说除非有人提出一个实验来我们是不会考虑他所说的任何东西的，那么，就永远没有人能提出本质上新的东西来。

第 9 章
巴席尔·海利

巴席尔·海利（Basil Hiley）是伦敦大学伯克贝克学院物理学副教授。他的研究兴趣是固态、液态和聚合物物理学以及量子力学的概念基础。作为大卫·玻姆的一位长期合作者，他多年来一直反对量子力学的寻常解释，并企图构建一个与“常识”意义的实在论更为一致的理论。近年来，他与玻姆一起在非定域量子势方面的工作是对于正统观点的一个直接挑战。

阿斯派克特的最近实验暗示：量子力学的传统研究方法不但仍有效，而且是很好的；我们可以满怀信心地继续使用它。然而，在你的量子势理论中，你似乎采取一种根本不同的态度。你为什么怀疑量子力学寻常解释？

我认为怀疑这个词用得不当。如果有人到我这儿来，并说，他想解决某个物理问题，我会向他们推荐寻常解释。因为我们知道，它不仅有效，而且给出正确答案。但是，当你考查寻常解释，并企图理解当电子产生干涉图时有什么事情在发生，那么，你就没有什么物理方法去说明这个图案的形成了。

为什么你感到必须说电子正在干什么呢？归根结蒂，在物理学中，不仅在量子力学中，我们接近世界的唯一手段是通过我们的仪器和实验，我们必须处理的唯一数据是我们的种种实验结果。为什么你要把外部世界的模型的地位拔得这样高，以便我们谈论电子正在干什么，虽然我们不能实际观察到它在干什么？难道我们的观察还不够吗？

不够。我认为我们试图干的就是建立起一种模型，运用这个模型可以增强我们关于物理世界的种种直觉观念。我已经被培养成一位物理学家，我感到直觉观念总是有着巨大帮助的。当我考查量子力学时，我发现它是完全违反直觉观念的。我们只有一种处方（即有一组规则）：有一个被假设是描述系统态的波函数；然后有一个运用于这个波函数上的算符；以及我们可以从中算出我们得到某种预示的实验数据来。但是，这无助于我们理解（比方说）双缝实验。当电子穿过缝时，准确地说它在干什么呢？它是穿过一个缝还是穿过两个缝？如果人们企图获得一种什么事情正在实际发生着的感觉，那么这些问题就是重要的了。

让我们把这个问题弄得明明白白。在寻常的或哥本哈根解释中，人们只能谈论一个电子的位置或一个电子的动量，但不能同时谈论这两者。之所以如此，是因为我们不知道电子在哪里；不知道它是怎样运动着的。即使是谈论电子同时具有确定的位置和动量，那也是没有意义的。现在你说电子实际上有确定的位置和运动，尽管实际上我们不能同时确定这两者，这种说法对吗？

对。我考查过的模型是由德布罗意首先提出，后来由玻姆发展的。

通常方法的困难在于，人们仅能谈论“观察”或“测量”，而不能谈论居间什么事情在发生着。我感到需要探索在其中我们可以提出这类问题的本体论，这意味着我们能够把一个精确位置和动量归属于一个粒子，虽然对于观察者，这些是未知的。

这就是所谓量子势概念吗？你能概括一下这种方法的基本特征吗？

首先，我们设想有一个实际粒子，它具有确定的动量和确定的位置。然后，我们取其波函数，不是把它作为计算概率的一种手段，而是把它视为一个实在的场，视为与电磁场相类似的某种东西，于是，这个场可以影响这个或另一个粒子的行为。在技术上，这是从由薛定谔方程导出的一个运动方程达到的，这个运动方程包括一项我们称之为量子势的附加势，因为它改变了粒子的经典行为，产生了与量子力学相一致的种种结果。

这是一种什么波或场呢？

虽然，我使用了与电磁场的类比，实际上它具有与电磁场非常不同的性质。

是些什么性质呢？

或许，通过实例可以对它们做出最好的说明。我们知道，如果让电子穿过具有两邻近狭缝的屏，在另一边看到的结果非常像正在进行着波的相互干涉。的确，正统理论实际上用波函数描述这个具体的波现象。但是，我们在另一边实际看到的是一簇单个电子的到达。所以，这种波实际上是一种单个电子行为的平均，并且，波的强度对应于给定时间间隔内到达一个具体地点的电子数目。

现在，正统理论说，你实际上不可能预言每一个电子怎样到达屏的。但是，量子势所做的就是能使你计算出一簇产生干涉图的电子的单个轨迹来。因此，从你使用的计算，你能考查量子势的形式。量子势包含着像缝宽、缝间距以及粒子动量一类的东西。换句话说，它好像具有粒子周围环境的某种信息。正因为如此，人们倾向于把量子势看成是由一种更像信息场而不是一种物理场的场产生的。

或许我可把这个比喻再延伸一点。假设我们想象有一艘由雷达波导航的船，雷达波被输进船上的计算机，船便按照从雷达波接收来的信息调整方向。现在我们企图建议量子势来自于那些更像雷达波的波，量子势携带着有关环境信息输送给电子，所以，为产生在屏幕上观察到的成束效应，电子调整其运动。

所以电子的运动不是受量子势的推斥；量子势只是携带着告诉电子怎样运动的信息，是吗？

是的。它是一种信息势。物理学中更传统的方法是认为电子是被周围的场所推动的，正如水波能推着船摆动一样。量子势不是像这样工作的，因为实际上我们可以用常数乘这个场，这却不改变对粒子的作用力，所以，它不是一种推着电子走动的普通的经典力。

量子势似乎完全不像以前物理学中我们碰到的任何东西。的确，它似乎相当不寻常。如果我们把电子视为一艘船，在这种势携带的信息指导下运动着，那么，这像把电子视为一台超计算机了。我们能够实际上想象出像电子这样的简单东西（它被认为是没有内部结构、没有内部组成部分的），能以这样一种复杂的方式做出响应吗？

我开始想这个概念时，回忆起理查德 · 费曼已经比我们先一步说，他把时空中的点想象成一部用输入和输出与邻域相连接的计算机，每个时空点会有一个贮存器，以记忆一切可能的场和粒子，它实际上会像一台计算机那样起作用。所以，在他的设想中，时空中的每一点就像一台计算机！

当然，在现在小到10^{-16}厘米距离的实验中是不可能揭示出电子的内部结构的。但是要记住，我们还得降到大约10^{-33}厘米的引力长度上去。所以，依然有广泛的余地（虽然在我们的标度上那是非常微小的）供许许多多结构派用。

所以，你认为像电子这样的粒子，实际上可能是一种具有内部结构的复合体，这些内部结构能够像计算机元件那样起作用，是吗？

我不想把类比拔得太高了，但那是可能的。

我现在有一个相当天真的问题。我认为装有雷达的船这个比喻是非常好的。但是，当然，要使船对雷达信号做出响应，它仍应有它自己的某些动力。所以如果电子从这种量子势中得到信息，比方说，“向

左移动！”那么，它怎样移动呢？它的动力是什么？

动力来自量子势本身。

但我认为量子势只是触发电子内部的一种响应，并不驱动电子，对吗？

我自己还没有弄明白。触发电子内部一种响应的是波场。这波场被翻译成作为一个运动方程的一部分的量子势。运用这个方程，量子势确实产生着一种能量来自于电子自主的驱动力。但我不喜欢沿着这一思路往下推得太远，因为关于电子我有一个略不相同的图像。我认为电子不能完全同它的环境分割开来。你知道，玻尔所强调的关于量子理论的事情之一是应该考查整体实验情况。若从正面来看量子势，我们似乎可以实际地更进一步地考查他的思想。如果不能把粒子分隔开来，并把它们视为独立的实体来处理，那么我们就必须把它们视为全部情况的一些侧面。做出响应的是整个系统，所以，我们不应把电子想象成具有某种从内部驱动的东西。如果那样看，那就会像是倒退到一种在电子里面装有齿轮或计算机部件的机械论观点中去了。

曾经有人提议：一个电子的量子不确定性或许是起因于被其周围环境的无规力（按海面上一个波可动荡着一个木塞的常规方式）所摇动的。如果我们想象电子沿一条之字路径，那么，不难看出，只要它受到无规力的作用，它就能被迫沿着一条之字路径运动。但是你似乎说，量子势告诉电子怎样围绕之字走，但我们不能发现任何引起这种之字运动的动力。

我们总有零点能。我们知道，真空态实际上充满着能量，而正统理论利用了那种能量。

是的，尽管如此，在细节上是难以进一步探究的，不是吗？例如，你会期待中子和质子之间某种差别，但它们的量子行为却是非常相似的。

但是，我并不是从电磁背景来看的。因为量子势是由一种不像电磁场的场产生的。这种场似乎非常特别，似乎比电磁场微妙得多。

所以，你说的这种零点背景是某种量子势场背景，而不是跟其他类型（如电磁场）较熟悉的场相联系的零点能，对吗？

对。

如果直接回到阿斯派克特实验，在那个实验中人们处理两个粒子系统而不是一个粒子系统，那么，此实验表明我们必须做出一种选择；或者抛弃我们可以称之为“实在”的东西，即外部世界独立于我们的观察而存在的思想；或者，抛弃定域性，即所有的信号和影响传播不得比光速快的思想。现在，如我所理解的，量子势概念至少企图保留客观实在这一古老思想的印迹，但人们必须付出的代价是以一种非定域性而告终，这是对的吗？

你是在暗示量子力学中不具有那种非定域性吗？

不，我意识到量子力学也有一种非定域性要素。但是，当然，在哥本哈根解释中，人们常常乐于抛弃质朴的实在论观点。所以，可以使阿斯派克特实验与不存在超光速的信号相一致。

如果你实质上是说，我们能运用量子算法计算种种概率，那么，我就完全同意你的说法，我们可以做到这一点。在我看来，正统理论说不清楚怎样理解阿斯派克特的种种远距离相关性，量子势所做的就是毫不含糊地说明两者之间存在着一种非定域相关性。我知道，如果回到爱因斯坦关于实在性是仅具有定域相互作用的时空中的一种描述的观点，那么，这就会拒斥量子势观点。顺便说，这就是爱因斯坦对于量子势观点想得不太多的原因之一。

这使你忧虑吗？

不，确实不。我们现在有了实验证据表明实在中确实具有某种非定域要素。我们不得不问一问：为什么大多数实验仅揭示定域相关性？我们已经初步看出，通过量子势的概念向量子场论的推广，怎样去说明这个问题。

设想有人能够把这一纲领进行到底（当然，在现阶段，它是尝试性的），但假设我们能把它推进到底，那么，似乎它会导致超光速通信的可能性。如果我们接受相对论，这就使我们可以逆时通信。这似乎是一个产生一切因果佯谬的秘方，这似乎是为了抓住朴实实在的某些印迹不放所要付出的高昂代价。

量子势中没有任何因果佯谬，因为它实质上要求一个绝对的时空背景，这背景就是狄拉克提出的那种类型的量子以太。让我说明一下，我们考查场论，从种种场中构建起一种超势。于是，我们就能证明超势（受一个薛定谔超波动方程的支配）是与所有粒子即时接触的（即非定域接触）。但当你算出典型的量子实验的种种统计结果时，你就发现它们仍然是洛伦兹不变的（即它们遵从相对论）。所以，换句话说，在量子势方法中相对论不是一种绝对效应而是作为统计效应出现的。

所以，实际上无法发送超光速信号？

那是不清楚的。目前我们看不出有什么方法。但是，如果有一个绝对时空，或一个绝对时空做背景，那么，你就不会陷入因果圈套之中。所以，在这种理论中不会产生因果佯谬。但是，你会有种种即时相关性，问题是：这些即时相关性意味着什么？我们有可能找到别的一些实验去展现这些即时相关性，那不是不可能的。

但是，如果我们如通常在相对论范畴内所理解的那样去考查普通时钟的行为，那么，即时通信实际上就会是逆时通信，不会吗？

问题是时钟实际上是大量粒子的宏观集合；它们的功能是统计的，因而不可能检验出这些即时相关性。

不可能，一个时钟是不会检验出这些即时相关性的。但是，人们可以设计一个通信系统，虽然在你的绝对时空中会产生即时相关性，

但在狭义相对论内的通常为时钟所使用的参照系中，这就等价于逆时发送信号，难道这是不可能的吗？

我不明白为什么会存在这种可能性。如果我们返回去考查阿斯派克特实验，虽然量子势表明存在一种即时相关性，但当我们在连接的两端考查粒子统计性质时，它们（各种粒子）就表现出独立性；只是在各种相关性中，我们才会见到非定域性。我不明白，这些相关性永远可以转化成使事物逆时反演的信号。

当然，目前不可能用这些相关性实际作为一种信号装置。

对。

在量子力学寻常解释中绝不会是这种情况，但采用你的解释，似乎原则上是可能的，虽然实际上你不可能想象怎样做到。

嗯，我认为这是我们理论的某种优点，因为它使我们非常仔细地思考，我们能否干这种事情。

似乎你是存心要与相对论顶撞。

我不这么看，因为，如我所说，目前给予我们相对论的好像是统计效应。问题是我们怎样设计出超越这个层次的实验，以看清这些瞬时相关性。这个问题现在还不清楚。现在已经弄清楚的是：在我们目前的实验领域内，量子势真实地再现量子力学的种种结果，在现阶段它没做任何不同的事情。

所以，量子力学的结果与你的理论不同的唯一地方就在这些即时通信的领域（就是使你与相对论发生麻烦的领域），我说得对吗？

麻烦在于，在量子理论的正统解释中，我们不能提出两个分离的系统之间什么在发生着之类的问题。在量子力学的现有表述形式中，甚至不能想一想这个问题。因为我们只有一个波函数，从这种波函数我知道怎样计算出种种相关性，但我不知道，在现象的底层什么正在进行着，所以我不能提出问题。现在，你或许认为我们不应该提出这个问题。但是如果我们有了一种能产生与正统理论准确相同的结果的理论，那么，在我看来，似乎我们应该对此做进一步的探索，以图发现我们是否将会得到任何新的物理学。或许我们不会找到，那时你可以争辩说，那会是浪费时间。但是，至少在这个问题上我们有一个不同的观点。

好！暂停关于这一点的讨论吧！但是，你认为你的研究方法除了给我们提供一个整洁的实在模型之外，还有什么别的优点呢？

正统方法总是留给我们所谓测量问题，如果你回头翻阅一下文献，你就会发现几乎有300篇论文企图解决测量问题。更有甚者，正统理论的倡导者们甚至对测量问题的存在抱根本否认的态度。

这就是我们以明晰的方式把观察者带进量子理论的地方。

是的。现在当你谈到测量问题时，你应当记住正统理论说波函数描述系统的态，然后，你用你的仪器装置确定这个态怎样演变。当你使用仪器装置时，就会发现此态演变成了一个所谓线性叠加的东西。让我考查下述情况：设想你有一个给出两种可能性的实验……

从薛定谔猫实验中，假设我们有活猫和死猫两种可能性。好吗？

……好的，那也行。你有了两种可能性：猫是活的，或是死的。如果你现在试图在量子力学表述形式中计算发生着什么，你会发现在实验终了时，此猫的态函数是一个活猫和一个死猫的线性叠加。

那意味着这两种态以某种方式相互重叠了。

这两种态以某种方式并存，是的。现在当你打开装猫的盒子时，于是你就看见猫是活还是死，这就称为"波函数的坍缩"。在正统理论之内，你不可能产生出波函数的坍缩。所以，这一直在引诱着像魏格纳那样的著名人物提出：或许"察看"（的行为）是量子力学的一个非常重要的特征，就是说，意识以某种方式介入了局势。当意识介入时，猫不是活就是死，但在此之前，它处于不死不活的状态之中。

我认为你并不喜欢把精神引入物理学之中的想法，对吗？

我不明白为何在现阶段要把精神引入到物理学中来。有人持有另一种观点，那就是量子理论的多宇宙解释。这种解释认为，当你向盒内查看时，你所发现的东西就是，你不是处于宇宙的这一分支之中，就是处于另一分支之中。一个分支将对应于活猫，另一分支将对应于死猫。

这世界分裂成了两个替代物？

对的。我们只是碰巧遵循这两个中的一个，我并不非常喜欢这种思想，因为我们似乎在产生着许多宇宙，而其中仅只一个被我们所观察。所以，我们有了一种相当奇特的处境。现在用量子势来表述，我们就不会陷入这样的困境。因为我们有一种实体即粒子，如果粒子处于那些波的一个之中，那么，就信息（量子）势而言，没有信息从通常在量子力学中使用的其他波包（即对应于分叉宇宙的其他分支的波函数部分）中反馈给它。

它们不会彼此相干吗？

它们最终有可能相干。但是，问题是：当粒子处于一个波包中时，只要它离开了别的波，它们就不会相干。然而，如果允许这两个波包重叠，那么，两者之间当然存在相互作用的可能性。但现在当我们做出一次测量时，所发生的就是一个不可逆过程了。在量子势方法中，这种不可逆过程是波函数坍缩的关键，“空的”波包现在永远不可能被带回去再次与有粒子波包的波函数重叠了。

为什么不呢？是因为它突然间从这个宇宙中消失了吗？

或许我们不应该说它实际上从这个宇宙消失了。而应该说，“空的”波包中的信息不再有任何效应。因为在测量作用期间，不可逆过程引入一个随机的无规的扰动。它破坏了波包中量子势的信息。

所以，根本说不上波的一部分消失了，而是它以不可逆方式混杂在其他事物中间了。波没有消失，它只是完全地与其他波编织在一起，而损失了其原有信息。

是的。我愿接受这一说法。它不再有任何主动性，我们已力图把主动信息和被动信息区别开来。就是说，当仪器发生这种不可逆变化时，一个波包便变成被动的了。

所以，波的一部分不是消失了（作为测量作用的一种结果），而只是变得无效力了，是吗？

是的，你说得对。

让我再考查一下宏观量子标度，你说过，一个粒子，比方说，一个电子，事实上具有确定的位置和动量。然而，从海森伯不确定性原理我们知道，不能同时测量这两者。你怎样说明这一点呢？

嗯，那只是一种统计效应。你知道，当你把测量仪器带到实验中来的时候，你就有了一个多体系统。多体系统本质上讲必定是一个热力学系统，所以你决不可能期望知道此装置的所有粒子在什么地方。比方说，测量或准备一个处于某给定动量态的系统的过程本身，就意味着你因此而将具有所有的这种不确定性。你决不能肯定粒子在什么地方。因为这种热力学状况，我们总不能获得一种明晰性。

不确定性是由仪器引进的？

是的，是由仪器引进的。

它是我们探查系统的“包袱”吗？

你说得对。所以，在这种解释中，原则上它会是因果的。但在实际中，因为我们是一个热力学系统，仪器也是一个热力学系统，所以我们不可望确定精确的效应。

这样一来，我就看不出普朗克常数是怎样产生的了。因为既然量子不确定性纯属热力学的，那么，普朗克常数就似乎只是一种经典效应了。我看不出为什么应该有任何优惠的作用量标度。

在我看来，普朗克常数的值实际上与量子力学无关。我知道，我在这儿犯了异端邪说罪，因为许多人都有这样一种印象，即如果你令普朗克常数等于零，那么，你就可以从量子表述形式重新获得经典力学，而且，真理就是如此。

然而，普朗克常数是大自然所具有的一个基本常数。如果它的值变化一点，那么这个世界就会变样了。

我同意。但是，量子势确实包含普朗克常数。因此，如果普朗克常数改变其值，量子势也会改变其值。

但是，刚才我们处理的问题是这样涉及海森伯不确定性原理的，即：如果我们对一个系统实行一次测量，是由于仪器的愚笨性（在经典热力学意义下）才引进了表观的量子不确定性，为什么这种不确定性是在普朗克常数所确定标度上呢？如果不确定性纯属经典效应，为什么它应该是那种具体的标度？这似乎有点神秘。

但现在我们实质上从薛定谔方程中造就了这个量子势，在量子势中已经包含有普朗克常数了。

是的。但是，归根结蒂，如果我们只是求得关于测量的一种经典解释，即我们有一个粒子，并企图去测量它的位置和动量等，我们就会发现我们是以相当笨拙的方式在干这件事，而且，在结果中存在一定程度的不确定性。当然，我们从热力学知道，这是常有的情况。但是，如果我们想象改进我们的测量装置，并获得越来越精确的结果，那么，量子力学告诉我们存在一个不可约化的不确定性，而且，那就是普朗克常数介入的地方。据你所说的仪器装置引起这种扰动，我看不出不可约化的不确定性出自何因。为什么会存在作用量的某种具体的标度？

这是一个好问题。我同意你的观点。我想我同意你的关于那不可能仅只是不可逆性的观点。但是记住，我们用薛定谔方程导出了量子势，由于它包含有普朗克常数，因此，我们的分析也包含有它。所以，你实质上是要我说明为什么我们需要薛定谔方程。对于这个问题，我不知如何回答。

术语汇编

无限回归
哲学上一种具有令人不快结局的推理。在这推理中每一步都在逻辑上依赖于前一步，并且如此无休止地继续下去。

-

不可逆过程
在某些物理系统中（例如摆动的摆），种种有趣的过程也可能逆向发生。但在另一些物理系统中（例如，两种不同气体的相互扩散），过程是不可逆的。

-

双缝实验
由托马斯·杨首先实施的一个实验。在这个实验中，光落在一块有两个靠近的狭缝的屏上，于是，在像屏上产生一个干涉图样，从而显示出光的波动性。

-

贝尔定理（或不等式）
这是以约翰·贝尔命名的一条定理。1965 年，他在关于物理作用的本性及实在的本性做了一定的假定的条件下，以数学不等式的形式，关于对分离系统同时实行测量所得的种种结果能够相互关联的程度，证明了一些很普遍的限制关系。

-

因果性
原因与效果之间的关系。在经典物理学中，效果只限定发生于原因之后。在相对论物理学中，因果关系还受到有限光速的附加限制。要超光速传播影响才能关联的事件，是因果独立的。因果独立的事件不能互相影响。

-

以太
从前曾被认为是充满整个空间的一种假想的媒质，从而定义了一种宇宙参照系，相对于这种参照系可以确定实体物质通过空间的速度。电磁波曾被看成是以太的振动，狭义相对论摈弃了以太的概念。

-

电动力学
处理电磁场及其源（即电荷、电流与磁极）的理论。电动力学考虑了源的运动、场的传播以及源与场之间的相互作用。

动量守恒
经典物理学和量子物理学中的一条基本定律。它要求无论内部出现什么改变，一个孤立系统的总动量保持恒定。在经典牛顿力学中，动量定义为质量乘以速度。

-

阿斯派克特实验
1982 年阿莱因·阿斯派克特及其合作者们所做的一个实验。它通过核对单个原子跃迁中同时发射的光子是否遵循贝尔不等式，来检验量子力学概念基础。

-

海森伯不确定性原理
以维尔纳·海森伯命名的一条原理。它是描述一种不可约化的不确定性的数学表达式。在同时测量一对确定的动力学量时（如测量一个粒子的位置与动量），这种不确定性总是存在的。

-

定域性
对于事物能因果地相互影响的方式所施加的一种物理限制。在一般的情况下，定域性是这样的概念，即事件仅能对于它们毗邻中的其他事物产生影响。定域性还有一个更狭隘的意义：如果所有的物理效应被假设不比光速传播快，那么，两个同时的空间分离事件不可能因果相关。因此，一事件只能即时地相关于同一地点的另一事件。

-

非定域性
定域性在其中失效的虚拟情况。某些量子过程具有非定域性癖好，即：空间分离的事件能够关联起来，但通常假设这不违背关于空间分离事件之间即时因果相关的更狭隘的定域性定义。

-

态函数
一种抽象的数学实体。它汇编了对一个量子系统作最完全可行的物理描述所需要的一切物理信息。在许多情况中，态函数可以用遵从薛定谔方程的一个波函数所表示。

-

波函数
描述一个量子系统状态的数学实体。在简单情形下，波函数的行为由薛定谔方程描述。

-

波函数坍缩
对量子系统做一次测量时所出现的过程。这时波函数突然且不连续地改变其结构，这个坍缩的意义是众说纷纭的。

-

波包
有时，量子系统的波函数浓缩在空间的一个窄小区域内。这种位形（它意味着所描述的粒子是相对定域的）称为波包。

-

相对论
一种描述空间、时间和运动的流行的公认理论，是 20 世纪物理学的基石之一。狭义相对论首先由爱因斯坦于 1905 年提出，引入了一些诸如时间膨胀，以及质量（m）与能量（$E=mc^2$）之间的等价性等一些不寻常的概念。狭义相对论的一个关键性结果是物质实体、物理影响或信号都不能超过光速。后来（1915 年）“广义”相对论包容了引力对时空结构的种种效应。

-

洛伦兹不变性
以 H.A. 洛伦兹命名的不变性，这是一个与理论的对称性相关联的数学概念。它以与狭义相对论原理相一致的方式，把一个参照系中观察到的物理量的值与另一个参照系中观察到的值关联起来。如果一个理论遵从相对论，它就必须具有洛伦兹不变性。

-

哥本哈根解释
与尼尔斯·玻尔的名字以及 20 世纪 30 年代期间在哥本哈根他的研究学派相联系的量子力学解释。尽管它的观点不断受到非难，哥本哈根解释通常被认为是正统观点。

-

爱因斯坦—波多斯克—罗森实验
爱因斯坦及其同事们于 1935 年设计的一个思想实验，其目的是借以暴露玻尔所解释的量子力学的种种怪癖。这个实验由对两个曾处于相互作用之中，后来分离开来的量子系统实行同时测量所组成，它形成了阿斯派克特实验的基础。

-

虚粒子
海森伯不确定性原理允许粒子自发地出现与消失，其间仅存在一个非常短暂的时间。这些疾驰的实体称为“虚的”，以区别于更为人熟悉的长寿命的“实”粒子。

-

超距作用
两个分离的系统相互施加物理效应的概念。在现代物理学中，用场论替代了直接的超距作用。在场论中，分离的系统仅靠激发种种通过广延于两系统之间空间的场来传播影响而发生相互作用。例如，月亮的运动，通过引力场的中介作用，而引起海潮。

-

超光速信号
涉及超光速传递物理效应的虚拟机制。因此，能使那些按照相对论被视为物理上独立的事件，因果地关联起来。

-

普朗克常数
宇宙的一个自然常数，用 h 表示。它定量给出量子效应起重要作用的标度，它存在于量子系统的一切数学描述之中，可以出现在各种各样的情况中。例如，它可以是一个光子的能量对光波频率的比值。

-

量子场论
应用于诸如电磁场之类的场情形中的量子理论。量子场论构成了当今理解高能粒子物理学以及理解支配亚原子物质的基本力的基础。

-

量子势
玻姆、海利及其同事们所喜爱的描述量子系统的模式。在这种模式中，与量子行为相关联的古怪的和不可预示的种种涨落，被视为由一种类似于引力势的“势场”所产生的。

-

薛定谔猫佯谬
一种来源于一个思想实验的佯谬。在这种实验中，用一个量子过程使猫处于一种明显的活与死两态叠加的状态之中。

-

薛定谔方程
以埃尔温·薛定谔命名的波动方程。它类似于普通的波动方程，描述着量子波函数的行为。

-

零点能
一种不可约化的能量。按照量子力学，它总是居于一个以某种方式被限制的系统之内，它的存在可以看成是海森伯不确定性原理的一个必然结果。

参考文献

T. Bastin (ed.), *Quantum Theory and Beyond* (Cambridge University Press, Cambridge, 1971).

-

D. Bohm, *Wholeness and the Implicate Order* (Routledge & Kegan Paul London 1980).

-

J. F. Clauser and A. Shimony, 'Bell's theorem: experimental tests and implications' in *Reports on Progress in Physics* 41。1881–1927 (1978).

-

B. d'Espagnat, *The Conceptual Foundations of Quantum Mechanics* (Benjamin, New York, 1971); *In Search of Reality* (Springer- Verlag, New York, 1983); 'Quantum theory and reality' in *Scientific American*, November 1979, 158–181.

-

B. S. DeWitt and N. Graham, *The Many-Worlds Interpretation of Quantum Mechanics* (Princeton University Press, Princeton, N. J. , 1973).

-

B. S. Dewitt, 'Quantum mechanics and reality', in *Physics Today*, September 1970. 30–35.

-

W. Heisenberg, *Physics and Philosophy* (Harper & Row,New York, 1959).

-

M. Jammer, *The Philosophy of Quantum Mechanics* (John Wiley, New York, 1974).

-

N. D. Mermin. 'Is the moon there when nobody looks ? Reality and the quantum theory', in *Physics Today*, April 1985, 38–47.

-

A. I. M. Rae, *Quantum Physics: Illusion or Reality* (Cambridge University Press, 1986).

-

G. Ryle, *The Concept of Mind* (Barnes & Noble, London, 1949).

-

J. von Neumann, *Mathematical Foundations of Quantum Mechanics* (Princeton University Press, Princeton, N. J. , 1955).

-

J. A. Wheeler and W. H. Zurek, *Quantum Theory and Measurement* (Princeton University Press, Princeton, N. J. , 1983).

-

E. P. Wigner, 'Remarks off the mind–body question', in *The Scientist Speculates–An Anthology of Partly-Baked Ideas*, ed. O. J. Good, 284–302 (Basic Books, New York, 1962).

图书在版编目（CIP）数据

原子中的幽灵 /（英）保罗·戴维斯，（英）朱利安·布朗著；易心洁译，洪定国译校 . — 长沙：湖南科学技术出版社，2018.1（2024.9 重印）
（第一推动丛书 . 物理系列）
ISBN 978-7-5357-9533-5
Ⅰ . ①原… Ⅱ . ①保… ②朱… ③易… ④洪… Ⅲ . ①量子力学—普及读物 Ⅳ . ① O413.1-49
中国版本图书馆 CIP 数据核字（2017）第 223911 号

YUANZI ZHONG DE YOULING
原子中的幽灵

著者
[英] 保罗·戴维斯
[英] 朱利安·布朗
译者
易心洁 译 洪定国 译校
出版人
潘晓山
责任编辑
吴炜 李蓓
装帧设计
邵年 李叶 李星霖 赵宛青
出版发行
湖南科学技术出版社
社址
长沙市芙蓉中路一段 416 号
泊富国际金融中心
http://www.hnstp.com
湖南科学技术出版社
天猫旗舰店网址
http://hnkjcbs.tmall.com
邮购联系
本社直销科 0731-84375808

印刷
长沙超峰印刷有限公司
厂址
宁乡县金州新区泉洲北路 100 号
邮编
410600
版次
2018 年 1 月第 1 版
印次
2024 年 9 月第 8 次印刷
开本
880mm × 1230mm 1/32
印张
6.25
字数
129 千字
书号
ISBN 978-7-5357-9533-5
定价
29.00 元